清洁能源蓝皮书

BLUE BOOK OF
CLEAN ENERGY

清洁供热与建筑节能发展报告
（2016）

ANNUAL REPORT ON DEVELOPMENT OF CLEAN HEATING

AND BUILDING ENERGY EFFICIENCY（2016）

国际清洁能源论坛（澳门）

主　编／苏树辉　袁国林　姜耀东

副主编／周　杰　韩文科　毕亚雄

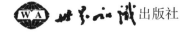

世界知识出版社

图书在版编目（CIP）数据

清洁供热与建筑节能发展报告.2016/ 苏树辉，袁国林，姜耀东主编.—北京：世界知识出版社，2016.10
（清洁能源蓝皮书）
ISBN 978-7-5012-5358-6

Ⅰ.①清… Ⅱ.①苏… ②袁… ③姜… Ⅲ.①无污染能源—能源发展—研究报告—世界—2016 ②建筑—节能—研究报告—世界—2016 Ⅳ.①F416.2 ②.TU111.4

中国版本图书馆 CIP 数据核字（2016）第 276189 号

责任编辑	刘豫徽
责任出版	王勇刚
责任校对	陈可望

书　　名	**清洁供热与建筑节能发展报告（2016）**
	Qingjie Gongre yu Jianzhu Jieneng Fazhan Baogao（2016）
主　　编	苏树辉　袁国林　姜耀东
副主编	周　杰　韩文科　毕亚雄

出版发行	世界知识出版社
地址邮编	北京市东城区干面胡同 51 号　（100010）
网　　址	www.ishizhi.cn
投稿信箱	lyhbbi@163.com
电　　话	010-65265923（发行）
	010-85119023（邮购）
经　　销	新华书店
印　　刷	北京京科印刷有限公司
开本印张	787×1092 毫米　1/16　17 印张
字　　数	260 千字
版次印次	2016 年 11 月第一版　2016 年 11 月第一次印刷
标准书号	ISBN 978-7-5012-5358-6
定　　价	99.00 元

《清洁供热与建筑节能发展报告(2016)》
编委会名单

目　录

前言：清洁低碳　高效节能

"清洁低碳、高效节能"是第五届国际清洁能源论坛的主题。2016是中国"十三五"规划的开局之年，是联合国 2030 年全球可持续发展议程启动之年，也是中国成功举办 G20 峰会之年，更将是巴黎气候协议的批准生效之年。在此背景下，要切实推动我国清洁低碳、安全高效现代能源体系的构建，推广清洁、能效和节能技术的利用和市场普及，推进我国能源结构优化及其可再生能源比重的提高，建立公平、公正、透明的全国碳交易市场体系，积极参与全球多边和地区能源治理，实现国家自主减排目标和联合国 2030 年可持续发展议程目标，清洁低碳、高效节能是必由之路。

国际清洁能源论坛（澳门）是一个常设于澳门的非盈利性国际组织，其宗旨是汇聚全球清洁能源领域官、产、研精英，构建国际交流与合作网络，致力于清洁能源的技术创新力和产业竞争力的提高，以实现人人享有低碳低污染可持续能源的生态文明社会。主要任务是研究清洁能源政策、支持清洁能源研发、推动清洁能源投资、普及清洁能源市场。

首先，论坛是一个"官产学"交流的平台。在澳门特别行政区政府的大力支持下，在中国经济社会理事会的指导下，国际清洁能源论坛（澳门）联合中国经济发展研究会、中国能源报社等单位将于 2016 年 11 月 29 日至 30 日，在澳门共同举办"第五届国际清洁能源论坛"。同期还将举行"2016 国际清洁能源论坛主题峰会""2016 清洁能源蓝皮书发布会""2016 国际清洁能源学术与产业发展研讨会""2016 国际清洁能源新技术新产品推介及市场研讨会"以及"2016 国际清洁能源年度人物、年度企业和年度产品发布""第四届中国能源装备优秀人物、优秀企业和优秀产品揭晓"、企业技术及产品展示洽谈和合作项目推广等丰富多彩的活动。本届论坛将围绕能源生产消费、技术创新、体制机制、国际合作等四大改革发展行动路线图进行务实性的研讨，其目的是帮助与会者了解全球清洁能源技术和产业发展最新趋势，把握能源产业政策和市场动态，推广清洁低碳先进技术和高效节能产品，提供清洁能源项目合作商机，为官产学各界提供新动态、新思路和新方向。

其次，论坛是一个国际清洁能源的"智库"。论坛联合国内外专家学者成立了各个专项课题组，迄今为止已研究、编辑和出版了《国际清洁能源发展报告》《世界能源发展报告》《温室气体减排与碳市场发展报告》等六本蓝皮书研究报告。今后研究领域将进一步细分化和专题化，重点规划课题如下：

第一，政策市场研究。重点研究优化能源结构实现绿色低碳战略行动路线图。包括积极发展水电、稳步发展风电、安全发展核电、大力发展太阳能、积极开发利用生物质能、积极推进天然气高效利用等政策；利用能源互联网，推广节能技术和设备，发展建筑节能，扩大新能源汽车，提升城市空气质量的措施；实施能源惠民工程，光伏扶贫项目和贫困地区能源开发项目建设；优化供热布局和方式，实现清洁能源供热，普及绿色生态节能建筑；推进能源科技和体制创新，有效设计能源补贴政策，培育创新发展新动力等。

第二，技术创新研究。重点研究国家能源技术革命创新行动路线图。包括煤炭无害化开采技术创新；非常规油气和深层、深海油气开发技术创新；煤炭清洁高效利用技术创新；二氧化碳捕集、利用与封存技术创新；先进核能技术创新；乏燃料后处理与高放废物安全处理处置技术创新；高效太阳能利用技术创新；大型风电技术创新；氢能与燃料电池技术创新；生物质、海洋、地热能利用技术创新；高效燃气轮机技术创新；先进储能技术创新；现代电网关键技术创新；能源互联网技术创新；节能与能效提升技术创新等。

第三，绿色金融研究。重点研究加快应对气候变化减排进程行动路线图。包括绿色金融体系相关领域绿色信贷、绿色股票指数、绿色基金等；碳排放交易机制与碳交易市场发展；碳汇市场创新与林业经济发展；银行对清洁能源项目融资的监管与金融创新；地方融资平台对清洁能源项目的支持方式；基于VC/PE的视角的清洁能源案例分析；清洁能源发展融资经验及担保、租赁、抵押等问题与解决方案；上市公司对清洁能源项目并购等。

第四，国际合作研究。重点研究"一带一路"战略与能源国际合作行动路线图。结合"一带一路"战略实施，依托重大能源项目，推动我国先进能源技术、装备和标准"走出去"；积极参与G20能源可及性行动计划、可再生能源自愿行动计划、能效引领计划，加强能源国际合作，拓展开放发展新空间；各国实施清洁能源政策、解决城市污染问题及提升空气质量的经验教训；积极参与国际能源治理，促进获取清洁能源的技术，并促进对能源基础设施和清洁能源技术的投资。

再次，论坛是一个"产学研"的合作平台。在能源互联网发展的背景下，为推进能源供给侧结构性改革，通过技术和市场模式的创新，让清洁能源技术和产品可以更加有效地市场推广和普及，国际清洁能源论坛（澳门）针对清洁能源领域优秀人物、企业和产品进行公益性评选活动，以"责任感、推动力、影响力、引领力"为标准，以"弘扬工匠精神，树立行业领跑者"为目的，推选为推动清洁能源事业发展做出杰出贡献的代表性人物，并表彰和鼓励国际清洁能源界最具公信力的年度企业和产品。评选活动面向清洁能源行业企业、政府主管部门、国际组织、行业协会、科研院所、高等院校、企业研究机构、社会智库等。评审委员会将由政府能源主管部门、研究机构、行业协会、能源企业、新闻媒体等单位领导和专家组成。评选活动遵循权威性、代表性、典型性的原则，按照公正、公平、公开的方法，分阶段进行。与此同时，为推广先进清洁能源技术，实施清洁能源制造业创新2025行动计划，建立先进清洁能源技术产品创新推广协作机制，论坛还将举办新技术新产品推介以及技术产品展示洽谈活动，为与会企业提供商业推广与合作机会。

最后，我谨代表国际清洁能源论坛对澳门特别行政区政府和中国经济社会理事会的指导和帮助，对澳门基金会、澳门特别行政区政府环境保护局与能源业发展办公室、中国与葡语国家经贸合作论坛等单位的大力支持，对中国经济发展研究会和中国能源报社参与联合主办，对中国社会科学院研究生院国际能源安全研究中心，武汉新能源研究院的大力协助表示衷心感谢。

国际清洁能源论坛（澳门）理事长

苏树辉

2016 年 11 月吉日

建筑节能篇

B 1

我国建筑节能低碳发展路径与机制

谷立静　张建国[①]

摘　要：

目前，我国建筑部门能源利用效率整体偏低，发展模式不可持续。随着城镇化进程的持续推进，建筑部门已经成为能源消费和碳排放增长的主要部门，转变建筑部门能源利用方式必要而紧迫。实现建筑部门节能低碳发展，需要引导建筑面积合理增长、推广超低能耗建筑、普及高效建筑用能设备和系统、优化终端用能结构和升级建设运行管理模式；同时，还应配套建立和完善建筑能源消费总量控制、城乡科学规划、标准完善提升、技术研发推广、能耗数据支撑等方面的体制机制。

关键词：

建筑　节能　低碳　路径　机制

---

①　谷立静，博士，助理研究员，国家发展和改革委员会能源研究所能源效率中心，长期从事节能减排战略、规划、政策等研究，特别是建筑节能研究。张建国，副研究员，国家发展和改革委员会能源研究所能源效率中心，长期从事能源发展战略、节能减排政策、节能技术经济分析、建筑节能和绿色建筑等研究工作。

一、城镇化背景下建筑能源消费持续较快增长

建筑能耗通常指非生产性建筑在使用过程中的能源消耗，即民用建筑运行能耗，包括用于营造建筑室内环境、实现建筑服务功能的采暖、制冷、通风、照明、炊事、热水、家电、办公等能源消耗。建筑部门是现代社会重要的能源消费部门，全球超过30%的终端能源消费和30%左右的二氧化碳排放来自于建筑部门。2012年，我国建筑终端能源消费量占全球建筑终端能源消费量的16%，位居第二，仅次于美国[①]。

（一）建筑规模迅猛扩张

进入21世纪，伴随城镇化进程不断加快，我国建设规模持续扩大。每年新建建筑面积从2000年的18.8亿平方米增长到2014年的35.5亿平方米，几乎翻了一倍；每年在建建筑面积更是从2000年的26.5亿平方米增长到2014年的135.6亿平方米，增长了4倍（见图1）。随着人民生活水平的不断提升，

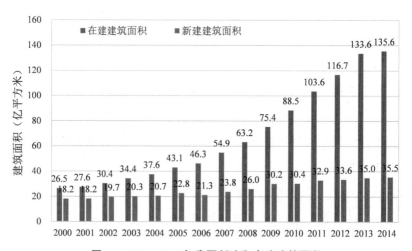

图1　2000—2014年我国新建和在建建筑面积

数据来源：中国统计年鉴。

[①]　IEA, Tsinghua University（2015）. *Building Energy Use in China: Transforming Construction and Influencing Consumption 2050*, OECD/IEA, Paris.

城乡居民人均住宅建筑面积也持续增长。2012 年，我国城镇人均居住建筑面积为 32.9 平方米（统计样本不含集体户人口），较 2002 年增长 34%；农村人均居住建筑面积为 37.1 平方米，较 2000 年增长 49%（见图 2）。

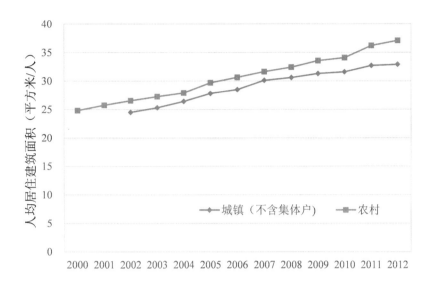

图2　2000—2012 年我国城乡人均居住建筑面积

数据来源：中国统计年鉴。

（二）建筑能耗快速攀升

在建筑面积快速增长的拉动下，我国建筑部门能源消费量也持续攀升。2014 年，我国建筑部门一次能源消费量约 8.19 亿 tce，较 2001 年增长了约 130%（见图 3）。其中，北方城镇采暖能耗为 1.84 亿 tce，占 22.5%；城镇住宅能耗（不含北方地区采暖）为 1.92 亿 tce，占 23.4%；公共建筑能耗（不含北方地区采暖）为 2.35 亿 tce，占 28.7%；农村住宅能耗为 2.08 亿 tce，占 25.4%[①]。

---

①　受现有能源统计方法的限制，我国能源平衡表不能直观地反映建筑部门能耗，建筑能耗与工业、交通等部门能耗混杂在一起，被计入各个产业部门中。国内一些研究机构对我国建筑能耗进行了估算，由于采用的方法不同，所得结果不尽相同。此处引用了清华大学建筑节能研究中心编著《中国建筑节能年度发展研究报告 2016》中的能耗数据。

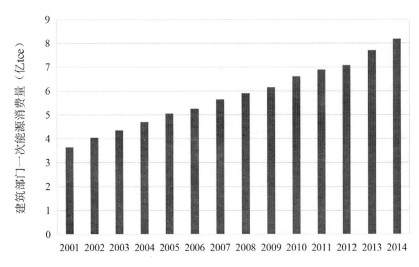

图3 2001—2014年我国建筑部门一次能源消费量

数据来源：清华大学建筑节能研究中心：《中国建筑节能年度发展研究报告2016》，北京：中国建筑工业出版社2016年版。

（三）能效水平不断提高

"十一五"和"十二五"期间，我国加快了建筑节能工作步伐，建筑能效水平不断提升。过去十年间，我国建筑节能设计标准逐步完善提升，2010年严寒和寒冷地区居住建筑开始执行65%节能标准（此前为50%节能标准），北京、天津、唐山、乌鲁木齐等地的居住建筑目前已开始执行75%节能标准；夏热冬冷地区居住建筑、夏热冬暖地区居住建筑和公共建筑节能设计标准，以及绿色建筑评价标准都得到了修订；2015年《被动式超低能耗绿色建筑技术导则（试行）》出台。"十一五"和"十二五"时期，新建建筑节能强制性标准执行率大幅提升，2005年新建建筑设计阶段标准执行率仅53%，施工阶段仅21%，目前基本都达到了100%。"十一五"和"十二五"期间累计完成北方采暖地区既有居住建筑供热计量及节能改造11.2亿平方米；夏热冬冷地区居住建筑、公共建筑、农村住宅节能改造也在逐步推进。截至2015年底，全国共有4071个项目获得了绿色建筑评价标识，总建筑面积4.7亿平方米；从2014年起，政府投资的公益性建筑、省会以上城市保障性住房、大型公共建

图 1 我国建筑节能低碳发展路径与机制

筑强制执行绿色建筑标准。可再生能源建筑应用面积快速增长，截至 2014 年底，全国城镇太阳能光热应用面积达 27 亿平方米，浅层地能应用面积达 4.6 亿平方米，太阳能光电建筑装机容量达 2500 兆瓦。

（四）用能强度持续增长

从建筑节能设计标准、建筑节能改造、用能设备能效提升等方面推进的建筑节能工作虽然取得了显著成效，但依然无法抑制建筑用能强度的持续增长。因为，随着城镇化的推进，人民生活水平提高，对建筑服务水平的需求快速上涨，抵消了节能工作带来的用能强度下降的效果。除北方城镇采暖外，其余三项建筑能耗的强度均呈不断上升趋势。2014 年，北方地区单位建筑面积采暖能耗为 14.6kgce/m^2，较 2001 年下降了约 34%；公共建筑（除北方采暖外）单位面积能耗为 21.9kgce/m^2，较 2001 年增长了约 30%；城镇住宅（除北方采暖外）户均能耗为 729 kgce/户，较 2001 年增长了近 50%；农村住宅户均能耗为 1303 kgce/户，较 2001 年增长了一倍多[1]。

二、建筑部门必须加快推进节能低碳发展

（一）建筑部门是"十三五"及今后能源消费和碳排放增长的主要来源

根据发达国家历史经验，当工业发展到一定程度后，建筑和交通部门能源消费将随着经济发展急剧增长，建筑部门在全社会终端能源消费量中的占比将达到 30%—40% 左右。我国目前的经济发展阶段落后于发达国家，人均建筑面积和建筑能源服务水平与发达国家均存在差距。未来，随着城镇化的进一步推进，我国居民生活质量和服务业发展水平都将继续提升，进而拉动建筑部门能源消费和二氧化碳排放持续增长。伴随后工业化时期的到来，建筑部门也终将

---

[1]　清华大学建筑节能研究中心：《中国建筑节能年度发展研究报告 2016》，北京：中国建筑工业出版社 2016 年版。

取代工业，成为全社会能源消费和碳排放增长的最主要来源。可见，要实现全社会节能低碳发展，必须加快推进建筑部门节能低碳发展。

（二）建筑部门亟须变革能源消费模式

一方面，建筑部门现有发展模式不可持续。目前，我国城乡建设模式依然粗放，城乡建设发展缺少科学规划，城市无序扩张现象普遍，造成大量房屋空置；同时大拆大建问题突出，被拆除的城镇建筑平均寿命不到 30 年，农村建筑寿命不到 15 年。我国建筑能源利用效率整体较低，建筑围护结构热工性能、用能设备效率、用能系统运行水平等均与发达国家存在较大差距。建筑建造水平也有待提高，单位面积建材消费量明显高于发达国家。粗放的发展模式不仅造成了能源、资源的大量浪费，也给生态环境带来巨大压力，北方地区城镇建筑冬季采暖已成为当地雾霾频发的重要原因。另一方面，我国的资源禀赋不支持我国建筑用能照搬发达国家模式。2050 年，如果我国人均 GDP 接近欧洲当前水平，人均建筑能耗也达到欧洲当前水平，则我国建筑部门一次能源消费量将超过 20 亿吨标准煤，对未来能源供应造成巨大压力。因此，建筑部门变革能源消费模式势在必行。

（三）城镇化快速发展和能耗锁定效应倒逼建筑部门能源消费转型刻不容缓

我国依然处在城镇化加快发展的阶段。近年来，每年新建建筑面积均超过 30 亿平方米，占全球建设规模的一半左右。研究显示，到 2050 年我国还将累计新建建筑 500 多亿平方米。而与此同时，建筑具有能耗锁定效应，如果建设之初不努力降低能耗水平，一旦建成将导致未来几十年都消耗更多的能源；再要降低能耗，只能通过节能改造来实现，但与新建时就采取节能措施相比，无疑是能源和资金的浪费。因此，在当前新建规模如此巨大的情况下，必须下大力气推进建筑部门能源消费转型，实现节能低碳发展。

（四）绿色理念和技术进步为建筑部门节能低碳发展创造条件

目前，绿色发展已经成为全球共识，不少发达国家提出并实施了"绿色新政"，其中包含诸多降低建筑部门能耗的措施，如近零能耗建筑、光伏屋顶计划等。我国也已经把绿色低碳发展作为基本国策，并持续推进建筑节能工作。在既有建筑节能改造、被动房示范、可再生能源建筑应用等方面，我国都已取得了显著成效。同时，在国内外绿色实践的推动下，建筑节能技术迅速发展，一体化设计、高性能保温材料、高效热泵、LED照明、建筑光伏系统、智能控制等先进技术和产品不断涌现。绿色理念和技术进步，已经为建筑部门加快节能低碳发展提供了良好的舆论环境和有力的硬件支撑。

三、建筑节能低碳发展路径

"十三五"及今后，实现建筑部门节能低碳发展需要从控制建筑部门活动水平过快增长，降低建筑有用能强度，提高建筑用能系统和设备效率，优化建筑用能结构，升级建筑建造和运行管理模式等方面进行努力。

（一）引导建筑面积合理增长

引导建筑面积合理发展是抑制建筑能耗爆发式增长的重要途径。建筑面积增长与城镇化发展模式、城乡规划水平、居民生活方式等密切相关。我国城镇化是在人口众多、资源相对短缺、生态环境比较脆弱、城乡区域发展不平衡的背景下推进的，只有走新型城镇化道路，加强城乡建设规划，倡导绿色生活，引导建筑面积合理增长，才能实现经济社会与生态环境的协调、可持续发展。

总体来看，我国城镇化宜选择以城市群为主体形态，大、中、小城市和小城镇协调发展的方式布局。就城市规划而言，目前普遍存在的"摊大饼"式扩张模式和大拆大建现象，导致大量房屋空置和建筑寿命过短，造成高耗能建材产品的巨大浪费，同时也增加了城市电、热、水等能源资源的输送能耗。要实现建筑部门节能低碳发展，在城市规划阶段就要制定合理的人均建筑面积发展目标，并积极发展紧凑型城市，开发融合居住、工作、生活服务、休闲娱乐等功能于一体的综合社区。就生活方式而言，我国国情也不允许我们盲目追求发达国家高水平的人均建筑面积和以高能耗为代价营造的室内环境，而应鼓励"消费但不浪费，舒适但不奢侈"的绿色生活方式，引导居民住房需求以提高居住质量为目的,而不是片面追求居住面积扩大。

(二) 推广超低能耗建筑

1. 普及一体化设计,提高建筑整体节能效果

一体化设计是在建筑设计中融入系统优化思想,使建筑整体能源消耗最少。传统设计往往对建筑各个系统(建筑形体、围护结构、能源系统等)进行单独设计,往往只关注单一技术。而一体化设计则综合考虑建筑各个相关系统,进行成本权衡,关注多种技术组合,从而在不增加成本或增加少量成本的前提下获得显著的节能效果以及更好的建筑室内环境。一体化设计被广泛应用于各类超低能耗建筑设计中。深圳建科大厦是一体化设计的成功案例之一,该建筑用比同类建筑低 30% 的建造成本获得了比同类建筑低 50% 左右的节能效果。未来我国还将新建大量建筑,要广泛应用一体化设计理念,大幅提高新建建筑中超低能耗建筑占比,从而显著降低建筑用能需求,促进建筑部门节能低碳发展。

最佳实践案例 1:深圳建科大厦一体化节能设计①

深圳建科大厦是夏热冬暖地区运用一体化设计理念进行系统优化设计的新建办公建筑典型案例。该大厦位于深圳市福田区,是深圳市建筑科学研究院有限公司的办公大楼,于 2009 年竣工,总建筑面积 18623 平方米,2011 年获得了绿色建筑三星级标识,并获得住房城乡建设部绿色建筑创新综合一等奖。该建筑采用了精细化设计,在建筑朝向、形体、立面、围护结构等设计中综合考虑了各项节能因素,充分利用自然通风、自然采光来降低建筑有用能需求。该建筑办公区电耗指标为 60.2 kWh/m²/a,仅为深圳市同类建筑平均电耗水平的 60%,其中照明用电节省约 75%,空调用电节省约 40%;比同类建筑减少二氧化碳排放 58%,相当于每年减排 1622 吨,节能减碳效果十分显著。同时,该建筑室内热环境和光环境也能够完全满足室内人员的舒适性要求和工作需要。由于大量采用本地化低成本的节能技术,该建筑建安成本仅为 4200 元/平方米,大幅低于深圳市同类建筑建安成本(6000—7000 元/平方米)。

---

① 清华大学建筑节能研究中心:《中国建筑节能年度发展研究报告 2014》,北京:中国建筑工业出版社 2014 年版。

续表

图 4　深圳建科大厦

2. 推广被动式房屋，大幅降低建筑用能需求

被动式设计是一种尽可能少依赖机械系统（如采暖、制冷、通风系统）来达到建筑设计目标的方法，主要做法是优先采用各种被动式技术。被动式设计需要因地制宜，寒冷地区被动式技术策略主要为高性能保温墙体、高性能窗户、高气密性；炎热和潮湿地区被动式技术策略主要为自然通风和可调节遮阳。由于尽可能少用机械系统，所以被动式房屋（简称被动房）的能源消耗很少，是建筑未来发展的方向之一。德国最早建成被动房，目前已经出台了被动房设计标准，对围护结构保温性能和气密性都提出了很高要求，并要求从室内排风中回收热量。截至 2013 年底，德国已有超过 60000 栋被动房。我国自2010 年启动"被动式低能耗建筑"示范，截至目前，全国各气候区共有 30 个被动房示范项目，其中约 1/3 已建成。首个落成的秦皇岛"在水一方"被动房示范项目显现出显著的节能减排效果，其采暖能耗仅为当地执行现行节能标准建筑采暖能耗的 1/4。因此，推动建筑部门节能低碳发展，也要采取有效措施，加快被动房推广。

最佳实践案例 2：秦皇岛"在水一方"被动房试点示范项目①

秦皇岛"在水一方"被动房试点示范项目位于秦皇岛市海港区，共有 9 栋示范楼，其中"在水一方"C15 楼是按德国被动式低能耗房屋标准建造完成的第一栋楼，高 18 层，建筑面积 6467 平方米。该项目获得了绿色建筑二星标识、中德被动式低能耗建筑质量标识证书。项目的技术要点包括：无热桥高效外保温系统，双层 Low-E 玻璃，气密层设计，太阳能热水器，集供热、制冷和制备热水功能于一体的空气源热泵一体机，高效热回收新风系统，精细化施工等。根据住房城乡建设部和德国能源署的评价结果，其采暖需求、制冷需求、一次能源总需求分别为 13 kWh/m²/a、7 kWh/m²/a、110 kWh/m²/a，完全符合德国被动房标准要求，其中采暖需求约为"节能 65%"标准要求的 1/3② 而建安成只增加了 596 元/m²（约 12%）。同时还显著改善了室内居住环境，重雾霾天室内 PM2.5 浓度仅为邻近普通建筑的 1/4 左右

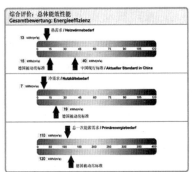

图 5　秦皇岛被动房项目

3. 运用一体化和被动式设计理念，推进既有建筑深度节能改造

我国既有建筑面积巨大，且大部分是非节能建筑，因此绝不能忽视既有建筑节能改造。我国一直在努力推进既有建筑节能改造工作，但一方面目前节能改造对象主要为北方采暖地区城镇居住建筑，过渡地区和南方地区居住建筑以及各地区公共建筑节能改造尚处于起步阶段；另一方面现有节能改造的目标是使改造后建筑达到当前建筑节能标准要求，能够获得的节能量有限。国内外一些实践表明，运用一体化和被动式设计理念，可以实现既有建筑深度节能改

---

① 住房和城乡建设部科技发展促进中心：《被动式居住建筑在中国推广的可行性研究》，2013 年 12 月。
② "在水一方" C15#楼. http：//www. gba. org. cn/nd. jsp? id=198&_ np=114_ 352.

造，使之成为超低能耗建筑，同时改善建筑室内舒适性，提升房屋价值。以美国帝国大厦为例，该建筑通过改造窗户、照明系统、管网保温和热平衡、楼宇自控系统，更换高效办公设备，以及安装租户能源管理系统等措施，实现节能38%，并在3年内收回节能改造的增量投资。可见，未来加快开展既有建筑深度节能改造，也是实现建筑部门节能低碳发展的有效途径。

（三）普及高效建筑用能设备和系统

1. 推行能效限额标准，普及高效建筑用能设备

在提供相同建筑服务的情况下，采暖、制冷、热水、照明、家电、办公设备等建筑用能系统和设备的能效水平越高，所消耗的终端能源越少。随着经济社会发展和人民生活水平提高，未来建筑中各种能源服务设备的保有量还将持续增长，因此提高用能设备的能效水平是建筑部门节能低碳发展的一个重要方面。目前，建筑各种用能设备都已经出现了超高效产品，它们的能效水平较普通产品显著提升（见图6），例如：有机发光二极管（OLED）电视可比目前的液晶（LCD）电视节能30%。但是目前这些超高效用能设备的普及率还很低，要实现建筑部门节能低碳发展，也需要加快普及高效建筑用能设备。

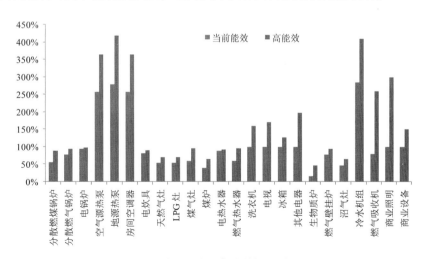

图6 建筑用能设备能效提升对比

注：商业照明和商业设备的效率不表示设备本身的转换效率，而是与当前能效相比，提供单位服务所需能耗下降带来的虚拟效率的提升。

最佳实践案例 3：美国圣荷西州 Adobe 总部大楼高效设备应用案例①

美国圣荷西 Adobe 总部大楼是利用超高能效设备进行节能改造的成功案例。该大楼 2005 年完成改造，主要措施包括：冷水机组变频改造（下图 A）；主要通风机变频改造（下图 B）；室内和车库照明设备翻修；减少车库排气扇运行时间（下图 C）；通过实时电表数据诊断和调节系统运行（下图 D）。改造后，大楼每年可节约用电 35%，节约天然气 41%，节省能源成本 118 万美元，不到 10 个月就收回了改造投资。同时，还可节约用水 22%，减少冲洗用水 76%，回收处理固体废弃物 95%，减少污染物排放 26%。

图 7　Adobe 总部大楼高效设备改造

2. 合理选择能源利用方式，提高建筑用能系统效率

实现同样的建筑能源服务，可有多种能源供应方式，不同方式的能效水平不同。以采暖为例，各种方式中，热电联产方式由于利用了发电机组的低品位余热，综合能效最高；燃煤锅炉效率大多在 35%—85% 之间，锅炉容量越小，能效越低；小煤炉效率平均只有 30% 左右；燃气锅炉和燃气壁挂炉的效率在 90% 左右；电锅炉/电加热器本身效率多在 95% 以上，但考虑发电效率后，电锅炉或电加热器直接采暖并不是高效的方式；各种热泵采暖设备的效率多在 3 左右，即便考虑发电效率后，也是能效较高的采暖方式。

采暖能耗是我国建筑部门能耗的重要组成部分，实现建筑部门节能低碳发展，必须结合实际情况选择适宜的采暖方式。就北方城镇地区而言，应优先选择综合能效最高的热电联产供暖和低品位工业余热供暖方式，逐步淘汰各类低效燃煤锅炉和小煤炉采暖。对于没有条件接入城市热网或采暖需求小的超低能

---

① 美国能源部：Building America：*Comprehensive Energy Retrofit Case Study*. 2009。

图1 我国建筑节能低碳发展路径与机制

耗建筑而言，应优先采用燃气壁挂炉、空气源热泵等高效分散采暖方式。过渡地区（如：长江流域）在我国不属于传统采暖区域，但冬季也有一两个月的时间室外温度较低。随着人民收入水平的增加，该地区越来越多的居民冬季开始采暖，以提高室内舒适性。未来过渡地区采暖将成为我国建筑能源消费需求的增长点之一。由于该地区采暖时间较短、采暖负荷较小，不宜效仿北方地区推广集中供热，而应以空气源热泵、燃气壁挂炉等高效分散采暖方式为主。

（四）优化终端用能结构

1. 深入挖掘可再生能源建筑应用潜力，大量替代化石能源消费

用可再生能源为建筑提供服务，可以有效减少建筑部门化石能源消费和污染物排放。但目前我国建筑能源消费中可再生能源占比仅为2%左右。推进建筑部门节能低碳发展，必须深入挖掘可再生能源建筑应用潜力，结合资源条件，按照因地制宜、就地开发原则，加快利用太阳能、生物质等可再生能源。在居住建筑和公共建筑中大力推广太阳能热水器，替代燃煤锅炉和小煤炉制备生活热水。充分利用建筑屋顶、立面，安装建筑光伏系统，推动建筑由耗能型向产能型转变。在农村地区开展生物质清洁高效利用技术示范，推动生物质、沼气替代采暖、炊事用煤，逐步淘汰低效小煤炉。

2. 大幅提高建筑用能电气化水平，减少终端污染物排放

提高建筑用能电气化水平，一方面可以有效减少建筑部门终端污染物和二氧化碳排放；另一方面，在可再生能源发电占比日益增加的情况下，还可以间接促进可再生能源利用。因此提升建筑用能电气化水平，也是实现建筑部门节能低碳发展的重要方面。2010年，我国建筑部门终端能源消费中电力占比仅为30%，在采暖、炊事、热水用能方面，电气化水平都还有较大提升空间。促进建筑用能电气化水平提升的关键，是提供完善的电力系统服务和形成有利于以电代煤的能源价格体系。此外，还需进一步提升空气源热泵、电炊具、电热水器等建筑用电设备性能和质量，使之能够更好地满足居民生活需要，促进居民主动选用。

最佳实践案例4：天津起步区社区文体中心可再生能源建筑应用案例①

天津起步区社区文体中心是可再生能源建筑应用的典型案例。该建筑地处北方寒冷地区，于2014年建成。项目的主要特点是将提高建筑能效的措施与可再生能源应用结合起来，并综合应用光伏发电系统、微网、智慧能源管理系统，达到零能耗、零碳排放效果。主要技术策略包括：优先采用被动式技术，充分考虑建筑朝向、形体、窗墙比、保温隔热、自然采光、自然通风等因素，最大限度地降低建筑有用能需求；采用高效电器设备和照明系统；充分应用可再生能源，安装光伏发电、太阳能热水、地源热泵采暖/制冷系统；应用智慧能源管理系统，优化建筑能源系统运行。测算结果表明，该建筑能耗强度为 68.5 kWh/m²/a，全年能源平衡结果为 −17 MWh，即全年运行可达到零能耗水平，每年减少二氧化碳排放 316 吨。

图8　天津起步区社区文体中心鸟瞰图（左）和建筑内部视图（右）

---

3. 充分利用低品位工业余热供暖，实现跨部门综合节能效果

工业生产过程产生的低品位余热，往往难以回收利用于生产过程本身，但却可以成为建筑采暖热源，从而减少建筑采暖化石能源消耗，特别是煤炭消耗。因此，低品位工业余热供暖是优化建筑终端用能结构的重要方面。我国工业余热资源丰富，仅京津冀地区的低品位工业余热资源，就可以满足该地区未来10年的建筑采暖需求。目前我国已有多个低品位工业余热供热的成功案例，均显示出显著的节能潜力和经济效益，例如：河北省迁西县利用两家钢铁企业的低品位余热资源，满足了县城360万平方米建筑的供暖需求，缓解了县政府供热补贴的财政压力。低品位工业余热供暖在我国尚处于起步阶段，目前还面

---

①　李宝鑫、卢岩等：《绿色零能耗建筑技术路径研究》，《建筑节能》2013年第3期，第38—42页。

临诸多障碍，有关部门应尽快采取相关措施，认真落实《余热暖民工程实施方案》，推进低品位余热工业供暖的规模化发展。

（五）升级建设运行管理模式

1. 变革建筑业生产方式，推行建筑工业化

建设质量不高是当前我国城乡建设模式中的又一个突出问题。推行建筑工业化可以有效解决该问题。建筑工业化是指用工业生产方式建造建筑，大量建筑构件和部品在工厂预制生产，在现场仅需进行简单快捷的组装。建筑工业化不仅可以提高建筑质量，增强建筑适用性，延长建筑寿命，减少新建建筑规模，还能够节约建材消耗，缩短建造时间，同时还有助于提升建筑围护结构性能，降低建筑采暖、制冷能耗。国内外已有案例显示，采用工业化方式建造的建筑，寿命通常比普通建筑长 10—15 年；建造过程中建筑材料损耗减少 60%，建筑废弃物减少 80%。可见，建筑工业化不仅能够降低建筑部门能源消耗和碳排放，还可间接降低工业部门建材产品生产能耗和相应碳排放。

2. 发展智能系统，优化建筑用能系统运行

智能系统泛指智能控制、智能计量、需求侧响应、储能电池、微网等。完善的智能系统，可以对建筑用能系统运行状况进行实时监测，并自动对用能系统运行进行优化，从而提高建筑用能系统运行效率，减少建筑部门能源消耗和碳排放。此外，建筑智能系统还利于电力部门节能减碳，如通过电力需求侧响应，发挥削峰填谷作用，减少新建电厂需求；通过微网接入建筑可再生能源发电，减少常规能源发电需求。发展智能系统，关键是将信息技术与建筑能源系统进行深入融合，通过安装建筑能耗实时计量装置、建筑环境自动监测装置，建立建筑能源系统智能控制平台，使建筑管理人员和使用者能够根据智能系统提供的信息及时调整建筑能源系统运行和个人用能方式，实现建筑能源系统根据室内环境状态、能源价格等信息进行动态响应。

最佳实践案例5：湖南湘阴T30酒店建筑工业化实践①

湖南湘阴县一栋高30层、拥有358间客房的酒店，由于采用工业化方式，在现场仅用15天就完成了建造。酒店采用了钢架和幕墙结构，90%的建造工作在工厂中预制完成。酒店整个施工过程节能低碳，钢材消耗量比同类建筑降低了10%—20%，混凝土消耗量下降了80%—90%。整个施工过程无火、无水、无尘、无焊接操作、无混凝土、无砂布抛光，建筑垃圾不到传统建筑施工方式的1%。酒店的设计和建造能抗里氏9.0级地震，平均建造成本约为1000美元/平方米，比我国同类建筑成本降低30%，也比西方国家同类建筑成本低80%—90%。

图9 湘阴T30酒店施工现场

四、建筑节能低碳发展潜力

全面实施前述节能低碳发展路径后，建筑部门可以较少的能源消费和碳排放增长，满足城镇化背景下建筑服务水平大幅提升和室内环境显著改善的需

---

① T30A Tower Hotel Technical Briefing. http：//www. greenindustryplatform. org/wp-content/uploads/2013/07/Broad-Group-BSB-T30-Tower-Hotel_ Technical-Briefing. pdf.

图1 我国建筑节能低碳发展路径与机制

求，实现能源的高效清洁利用和建筑部门的可持续发展①。

（一）扭转建筑面积爆发式增长态势

2010—2050 年间我国建筑面积年均增速约为 1.1%，较 2000—2010 年间的 6.2% 大幅放缓。2050 年建筑总面积可控制在 860 亿平方米左右，各类人均建筑面积基本达到当前发达国家中的较低水平，既保障了必要的生活、工作空间，又避免了向"奢侈"方向发展。

（二）能源消费增速明显放缓

根据我们的研究，在参考情景下，建筑部门终端能源消费量持续快速攀升，从 2010 年的 5.5 亿吨标准煤增长到 2050 年的 14.8 亿吨标准煤，期间没有出现峰值；低碳情景下，建筑部门终端能源消费增速大幅放缓，并在 2039 年达到峰值，约 8.6 亿吨标准煤，2050 年终端能源消费量降为 7.3 亿吨标准煤，较参考情景下降 51%，仅较 2010 年增长 34%（见图 10）。就 2050 年而言，合理控制建筑面积、推广超低能耗建筑、提高设备和系统效率、优化终端用能结构、升级建设运行管理模式五条路径，可分别实现节能 2.9 亿吨标准煤、3.0 亿吨标准煤、2.0 亿吨标准煤、1.5 亿吨标准煤、1.0 亿吨标准煤（见图 11）。

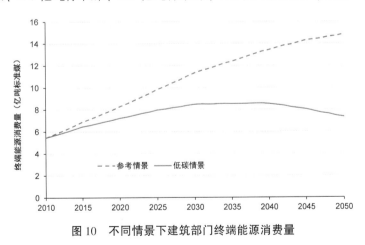

图 10　不同情景下建筑部门终端能源消费量

① 本节节能减碳潜力量化测算结果来自国家发展和改革委员会能源研究所《重塑能源：中国》项目研究成果。

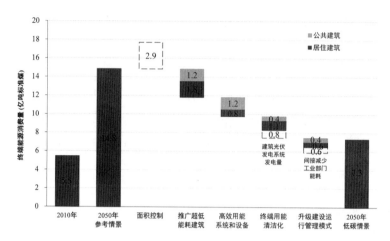

图 11　2050 年各低碳路径节能量

注：参考情景和低碳情景均采用了合理控制后的建筑面积，因此 2050 年参考情景能耗为考虑面积控制后的能耗。图中面积控制路径对应的虚线柱表示，如果不考虑面积控制，参考情景 2050 年能耗将再增加 2.9 亿吨标准煤，即面积控制带来的节能量为 2.9 亿吨标准煤。

（三）终端用能结构显著优化

低碳情景下，2050 年建筑终端能源消费中电力占比达到 66%，较 2010 年提高 36 个百分点，较参考情景提高 16 个百分点；煤炭占比仅为 2%，较 2010 年降低 41 个百分点，较参考情景降低 16 个百分点，基本实现建筑部门终端用能去煤化（见图 12）。

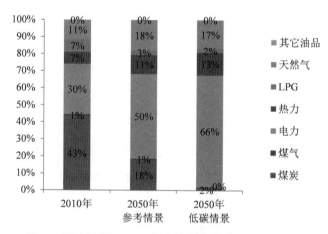

图 12　两个情景下 2050 年建筑终端能源消费结构比较

（四）建筑服务与二氧化碳排放实现"脱钩"

参考情景下，建筑部门二氧化碳排放量（含电力、热力生产间接排放）从 2010 年的 18.8 亿吨增长到 2050 年的 45.0 亿吨，在 2042 年达到峰值；低碳情景下，建筑部门二氧化碳排放量在 2030 年即达到峰值 28.7 亿吨，到 2050 年降至 10.5 亿吨，较参考情景下降 77%，仅为 2010 年水平的 56%（见图 13）。

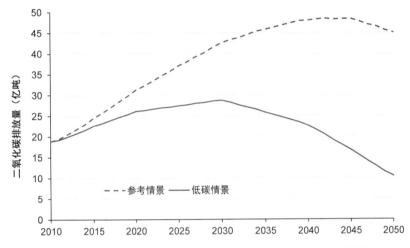

图 13　不同情景下建筑部门二氧化碳排放量（含电热生产间接排放）

注：在计算建筑部门二氧化碳排放量时，煤炭、煤气、LPG、天然气、油品的二氧化碳排放系数分别取 2.88 tCO_2/tce、1.3 tCO_2/tce、1.85 tCO_2/tce、1.64 tCO_2/tce、2.27 tCO_2/tce，电力、热力生产的二氧化碳排放系数来自课题电力部门计算结果。

（五）间接降低了工业和电力部门能耗

低碳情景下，建筑工业化使建筑寿命普遍延长，2010—2050 年可累计减少城镇新建建筑面积 34.1 亿平方米，其中 2050 年减少 2.4 亿平方米，相应地减少了钢材、水泥等建材工业生产能耗约 0.6 亿吨标准煤。得益于光伏发电系统的大规模应用，2050 年建筑光伏发电装机达 5.4 亿 kW，年发电量 6840 亿 kWh，相当于减少电力部门能源消费 0.8 亿吨标准煤。

五、建筑节能低碳发展保障机制

全面落实建筑节能低碳发展路径，实现建筑部门节能低碳发展，还必须建立健全一系列保障机制。

（一）能耗总量控制机制

建筑部门终端能源消费总量是影响部门碳排放的核心因素，要实现建筑部门节能低碳发展，必须要对建筑终端能源消费实行总量控制，合理约束能耗增速并使其尽早达峰。国家建筑节能主管部门应尽早实施建筑部门终端能源消费总量控制，编制规划，提出合理的近期、中期、远期阶段目标和峰值目标，并将该目标作为约束性指标纳入国家节能减排相关规划中。国家建筑节能主管部门应将全国目标科学分解到各省（自治区、直辖市），并在分解时充分考虑地区发展阶段、经济实力、科技水平等差异。地方建筑节能主管部门负责落实本地区建筑终端能源消费总量控制措施，确保目标完成。国家建筑节能主管部门应对地方目标完成情况进行年度考核，对目标完成情况较好的地区给予适当奖励，对未完成目标的地区要具体分析原因，对不作为的地方要有严厉惩罚措施，对确实存在困难的地方应适当调低目标。同时国家主管部门应定期了解地方工作动态，认真对待地方反映的问题，及时调整相关目标，积极完善有关机制。相关部门要抓紧建立建筑能耗全过程管理机制，在土地出让环节就明确规定建筑用能指标，并将建筑用能指标要求贯穿于规划、设计、施工、验收、运行等建筑寿命期的全过程中，将建筑能源消费总量控制落到实处。

（二）城乡科学规划机制

只有科学的城乡规划机制，才能保障未来的城乡建设更加节能、低碳、宜居。国家城乡规划和建设主管部门要建立全国综合性城乡规划体系，运用"一体化"理念指导城乡建设规划。地方城乡规划和建设主管部门要改变思想认识，摒弃"贪大求全"的传统做法，制定符合当地特点的城乡建设规划，特别是要尊重农村产业、文化特征，科学规划农村未来发展形态，避免照搬城镇模式。国家要尽早实施全国建筑面积总量控制，明确提出不同时期全国城镇建筑面积总量，并在充分考虑地方实际的基础上，对不同省份提出差别化的建筑面积总量控制要求，一些地区甚至可以考虑减量发展。地方主管部门应根据当地经济社会发展实际需要合理确定不同时期建筑面积发展目标，并与国家总体目标相衔接。相关部门要强化房屋建设审批，确保建筑总面积得到有效控制；尽快建立建筑拆除审批机制，严厉打击"大拆大建"。国家和地方规划还应推动发展紧凑型城市，积极优化城市空间布局，合理配比不同功能建筑面积。有关部门要建立大型公共建筑建设审批机制，抑制高耗能大型公共建筑过快过度发展；出台鼓励小户型住宅开发的房地产政策，避免人均住宅建筑面积过度增长。还要加快完善城市规划领域立法，增强规划的权威性，维护规划的严肃性，禁止随意更改规划，同时加强规划实施监督和评估。

（三）标准完善提升机制

标准是建筑节能设计、建造的准则，直接影响建筑有用能需求。建筑部门能否实现节能低碳发展，很大程度上取决于依托标准推进超低能耗建筑的情况。目前，我国建筑节能标准体系还存在较多需要改进的地方，必须依靠有效机制促进标准体系的不断完善和持续提升。首先，要尽快将标准中的节能指标从围护结构和设备性能指标调整为建筑实际用能指标，并基于建筑能耗数据制定更加细化可行的建筑能耗定额标准，尽快付诸实施。其次，要完善现有标准体系。针对不同地区、不同类型建筑，抓紧出台国家层面的超低能耗建筑标准，以及配套的技术规范、施工工法等，并逐步强制推行；进一步扩大绿色建筑评价标准对各类建筑的覆盖范围；制修订各类建筑用能设备能效限额标准，扩大标准覆盖面；建立促进建筑工业化的设计、施工、部品生产等环节模数协调的标准体系。再次，强化标准执行监管。严格强制性建筑节能标准的执行监管，尤其要加强对中、小城市实施情况的核查，并逐步将农村地区纳入强制执行范围，对标准执行不利的地区要严惩不贷。最后，依法定期提升标准。将建筑节能标准更新纳入法制体系，明确更新周期，制定标准提升路线图、时间表，并提前向社会发布，让市场及时了解、尽早准备，确保标准能够按期提升；推行建筑用能设备能效"领跑者"制度，明确产品能效的市场准入标准，开展能效标识，不断提高准入目标，促进设备能效提升。

（四）技术研发推广机制

建筑节能低碳技术是实现建筑部门节能低碳发展的硬性支撑，前述低碳路径的实施都仰仗技术的加快发展和推广。目前，尚有较多建筑节能低碳技术的成本还较高，还有一些关键重大技术我国未完全掌握，因此急需更加有效的机制加快建筑节能低碳技术和产品的研究开发和推广应用。第一，国家应更加重视建筑领域节能低碳技术研发，通过制度创新，提供更多研发机会。要依托科研专项推进重大技术攻关；完善科研管理制度，允许失败和试错，调整科研财务制度，使之更好地服务科研工作；给予更多财政投入，同时积极拓宽科研融资渠道，建立产、学、研、企科技创新联盟，推动技术研发与资本市场相结合。第二，加强技术人才队伍建设，完善学科教育和职业培训，为建筑规划、设计、施工、运行、管理等环节提供充足的符合资质的技术人才，同时完善相关职业资质制度。第三，技术研发和推广必须强调因地制宜，要将实际能耗节约情况而不是理论节能率作为技术评价的最重要准则。第四，有关部门要加强建筑节能低碳技术服务，通过组织专业技术培训、开设技术服务网站、发布技术指南和最佳实践案例、召开技术推广会和经验交流会等方式，促进节能低碳技术信息的传播。第五，完善相关经济激励机制，研究采用更多市场手段、少用财政补贴方式促进技术推广。

（五）能耗数据支撑机制

建筑能耗数据是标准制定、技术评价、节能工作考核的重要依据，是标准完善提升、技术研发推广等节能低碳发展机制的重要支撑。但目前我国建筑能耗计量、统计很不完善，能耗数据十分匮乏，严重影响了建筑节能减碳工作的顺利推进，因此建立建筑能耗数据支撑机制非常必要。推进建筑能耗计量、统计和信息公开最有效的方式就是立法，要通过修订相关法律法规，明确建筑能耗计量、统计和信息公开要求。依法在建筑相关标准规范中将能耗计量作为硬性要求。依法对房管局、统计局、电力公司、燃气公司等建筑能耗相关部门和企业提出定期报送建筑能耗数据的要求，破除目前跨部门获取数据的障碍，强化建筑能耗统计。加强建筑能耗监测平台建设，建立建筑能耗数据库。依法实施建筑信息公开，对建筑节能主管部门、建筑开发企业等提出建筑能耗定期披露要求。同时建立建筑能效标识制度，推行第三方评价，建立第三方从业资质准入制，严格评价监管，推进建筑能耗公示。还要重视完善建筑能耗计量技术，提升计量设备质量，降低计量设备成本，为建筑能耗计量的普及提供有力支撑。此外，也要加强与建筑能耗相关的建材产品性能数据库、气象参数数据库建设。

（六）长效约束激励机制

当前我国建筑节能领域的约束机制主要是各种行政措施，激励机制多为各类财政补贴和奖励，这导致约束机制效力偏弱，激励机制难以长效。要实现建筑节能低碳发展，必须有长效的约束激励机制做保障。约束机制方面，应弱化行政手段，转为主要依靠法律手段。尽快完善城市规划、建设管理、标准更新、能耗计量统计公示等方面的法律法规，加快推进地方建筑节能相关法规建设，使各项建筑节能低碳措施的实施都有法可依。依法强化必要的行政监管，做到执法必严、违法必究；在相关法规中明确建筑节能涉及的诸多管理部门（国土、统计、住建、发改、财政等）的职责，促进各部门协同推进建筑节能低碳发展。激励机制方面，要从以奖为主变为以罚为主，用对后进案例的严厉惩罚替代对先进案例的奖励补贴，避免不顾实际节能效果只为骗取国家补贴的现象滋生。特别是要大幅提高违法违规成本，一旦发现则严惩不贷。在正向激励方面，要少用财政措施，多用税收、价格、金融手段，同时要整合激励项目，避免重复激励。要继续完善已有激励措施，并研究出台必要的新激励机制，如：推行建筑能耗超限额加价制度，并将超限额的收费作为建筑节能基金；加快改革电价形成机制，完善峰谷电价、阶梯电价、调峰电价等电价政策，促进建筑用能电气化水平提升；完善可再生能源电力上网政策，鼓励就地发电并网，提高建筑光伏发电装机和可再生电源比重等；研究制定有利于推进工业余热供暖的热费结算机制等。此外，各种约束激励政策都要充分考虑经济社会发展、气候、建筑类型等方面的差异，使政策切实符合各地建筑节能减碳工作的需要。

B **2**

日本"零能耗建筑"发展战略
及其路线图研究

周 杰①

摘 要：

零能耗正在成为全球实现节能低碳建筑发展的新目标和大趋势。日本制定了从节能建筑、低碳建筑、到近零能耗建筑或净零能耗建筑，最终实现零碳建筑的绿色建筑发展战略。日本政府提出到 2020 年新建公共建筑和标准居住建筑实现零能耗，到 2030 年所有新建建筑和住宅平均实现零能耗的政策目标，并制定了节能、创能、蓄能、控能四位一体的技术路线图及其市场推广普及计划。这一计划不仅是日本应对气候变化，实现国家自主贡献目标的一项重要政策举措，更是创造市场需求，推动经济增长的"日本再兴战略"及其国家科技创新战略的重要组成部分。

关键词：

零能耗 节能建筑 低碳建筑 绿色建筑 日本

---

① 周杰，博士，国际清洁能源论坛（澳门）秘书长，研究方向为公共政策与制度比较研究。

零能耗正在成为全球实现节能绿色建筑发展的新目标和大趋势。日本早在 1979 年就开始制定了建筑节能的目标和标准，积极探索适合本国建筑节能发展的政策法规体系和技术优化路径。但近年来，日本建筑能耗伴随着建筑总量增长，居住舒适度提升以及家电和办公设备的急剧增加，呈不断上扬趋势。巴黎气候大会以后，为了应对全球变暖，实现国家自主减排目标，日本制定了到 2030 年从标准节能建筑、低碳建筑、近零能耗建筑到净零能耗建筑的节能发展战略及其技术路线图，提出到 2020 年新建公共建筑和标准居住建筑实现零能耗，到 2030 年所有新建建筑和住宅平均实现零能耗的战略目标。本文从日本发展零能耗建筑的战略目标、政策措施和背景出发，探讨零能耗建筑的概念、定义和评价标准与体系，解析其实现目标的技术路径和关键技术，并总结日本的发展经验及对我国的启示。

一、政策与目标

建筑能耗占了全球能源最终消费的 32%[1]，随着城市化的发展，今后还有进一步增长的趋势。为此，各国一直在致力于探讨和制定到 2030 年的建筑业节能减排目标，发展节能建筑、低碳建筑、绿色建筑就成为各国节能减排政策的重要选项。去年 12 月，全球近 200 个国家签订的巴黎协定提出了 2020 年后全球应对气候变化，实现绿色低碳发展的蓝图和愿景，其目标是："把全球平均气温较工业化前水平升高幅度控制在 2 摄氏度内，并为把升温控制在 1.5 摄氏度之内而努力。全球将尽快实现温室气体排放达峰，21 世纪下半叶实现温室气体净零排放。"根据巴黎协定的这一精神，到 2050 年建筑行业应当超越节能、低碳的中短期目标，树立"零能、零碳"的长期目标。日本建筑行业能耗和排放比其他他各个行业增加十分显著，如何抑制建筑领域能耗和排放的增加，推广零能耗建筑是事关日本实现 2020 年短期减排目标、2030 年中期减排目标和 2050 年长期减排目标的重要课题。

---

① 環境省「気候変動に関する政府間パネル（IPCC）第 5 次評価報告（AR5）について」，http：//www.env.go.jp/earth/ipcc/5th/。

（一）削减建筑温室气体排放，实现巴黎协定减排目标。

在经历过两次石油危机打击后，日本在工业领域大力推行节能减排政策，因而工业领域能耗大幅降低，二氧化碳排放量下降幅度显著，而唯有建筑行业二氧化碳排放趋势只增不减。2014 年度日本全国温室气体总排放量为 13.64 亿 t-CO_2，其中商业服务行业排放量为 2.61 亿 t-CO_2，居民家庭生活排放量为 1.92 亿 t-CO_2，与建筑行业密切相关的民生部门占总排放量的 33.21%。如图 1 所示，从 1990 年到 2014 年间，各个部门的排放量均有不同程度的下降，唯有居民家庭和商业服务领域增加明显。与 1990 年相比，商业服务增加了 90.51%，居民家庭增加了 46.56%，交通运输增加了 26.70%，而工业部门则减少了 15.14%；与 2005 年相比，商业服务增加了 9.2%，居民家庭增加了 6.6%，交通部门减少了 9.5%，工业部门减少了 6.8%。

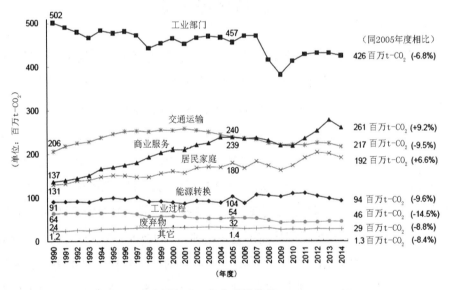

图1　日本主要行业二氧化碳排放量（1990—2014）

资料来源：「2014 年度（平成 26 年度）の温室効果ガス排出量（確報値）について」。

为应对全球气候变暖，2015 年 7 月，日本政府提交给 COP21 的国家自主减排目标承诺到 2030 年比 2013 年减少二氧化碳排放 26%。其中居住建筑的减

图 2　日本 "零能耗建筑" 发展战略及其路线图研究

排目标计划削减 39.6%，商业服务等公共建筑的减排目标计划削减 39.8%。根据这一减排计划测算，2013 基准年居民家庭的居住建筑排放量为 2.01 亿 t-CO_2，到 2030 年必须控制在 1.22 亿 t-CO_2。2013 年商业服务非住宅建筑排放量为 2.79 亿 t-CO_2，2030 年就必须控制在 1.68 亿 t-CO_2[①]。

2016 年 5 月 13 日，内阁府、环境省和经济产业省联合制定了《全球变暖对策计划》，这是一份日本政府全面落实《巴黎协定》的综合性计划。在建筑节能减排方面，针对非居民住宅建筑实行的主要措施有：对现有建筑物进行节能改造，如替代碳氟化合物的空调技术到 2030 年要达到 83%；到 2020 年新建筑物全部实现零能耗建筑；到 2030 年普及 LED 等高效光源达到 100%（2012年为 9%）；到 2030 年建筑采用楼宇能源管理系统（BEMS）达到 50% 以上。针对居民住宅实行的主要措施有：对现有住宅进行保温隔热性能提升改造，居民住宅高保温高隔热性能达标率从 2012 年的 6%，到 2030 年要达到 30%；到 2020 年新建住宅实现零能耗建筑达到 50% 以上；到 2030 年家用燃料电池市场目标为 530 万台（2012 年为 5 万 5000 台）；到 2030 年住宅能源管理系统普及率达到 100%（2012 年为 0.2%）[②]。由于家庭居民节能减排相对比较滞后，因此必须倡导改变生活方式，通过环境教育唤起民众节能减排的意识。

（二）加强建筑节能，实现能源结构优化。

建筑能耗增长形势严峻。如图 2 右图所示，从 1973 年到 2013 年，建筑领域的能耗占全国最终能源消费比例从 18.1% 上升为 32.5%。而同期工业领域从 65.5% 下降到 43%，交通领域从 16.4% 上升到 22.5%。由此可见，与居民家庭和商业服务等民生部门直接相关的建筑行业增幅最为迅猛。如图 2 左图所示，2013 年与 1973 年相比，民生部门最终能源消费增加了 144.3%，其中非住宅建筑增加了 186.0%，住宅建筑增加了 101.1%，而交通领域增加了 75.9%，工业领域则减少了 15.9%。2013 年与 1990 年基准年相比，民生部门最终能源消费增加了 33.5%，其中非住宅建筑增加了 44.6%，住宅建筑增加了 20.0%，

---

① 地球温暖化対策推進本部「日本の約束草案」、平成 27 年 7 月 17 日。
② 「地球温暖化対策計画」（平成 28 年 5 月 13 日閣議決定）。

而交通和工业领域则分别减少了 0.7% 和 12.5%^①。因此建筑节能成为重点，而零能耗则更是今后的发展方向。

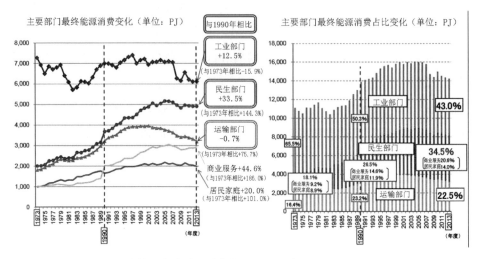

图 2　建筑物最终能源消费与能耗占比变化（1973—2013）

资料来源：经产省资料。

2014 年 4 月日本政府根据能源政策法制定的《第四次能源基本计划》，明确了日本实现零能耗建筑的目标和方针，到 2020 年新建公共建筑和标准居住建筑实现零能耗建筑，到 2030 年所有新建建筑平均实现零能耗建筑^②。采取主要的节能措施：改建或重建节能性欠佳的既有公共建筑和居住建筑；提高新建公共建筑和居住建筑的隔热保温性能；采用高效节能设备；同时推进政府补助、技术开发，示范项目，建筑标准化等各项措施^③。

2015 年 7 月日本政府制定的《长期能源供求展望》提出到 2030 年平均年经济增长目标为 1.7%，能源需求要比 2013 年减少 13%。如图 3 所示，这一计划确定了到 2030 年最终能源消费节能量目标减少 5030 万 KL，即比 2013 年减少 13%。其中推广节能建筑和实现零能耗建筑的措施是完成这一目标的前提。商业服务领域节能量计划为 1226.5 万 KL，居民家庭领域节能量计划为 1160.7

---

① 「平成 25 年度（2013 年度）エネルギーにおける需給実績（確報）」、平成 27 年 6 月。
② 标准居住建筑定义是特指独户住宅。
③ 「エネルギー基本計画」、平成 26 年 4 月。

图 2 日本"零能耗建筑"发展战略及其路线图研究

万 KL, 两项分别比 2013 年减少 16.1% 和 22.7%。工业和交通领域的节能量计划为 1042 万 KL 和 1607.1 万 KL, 分别比 2013 年减少 7.3% 和 19.5%[①]。针对公共建筑的节能措施有: 公共建筑须达到节能建筑标准, 逐步实现零能耗; 推广普及 BEMS 能源管理系统, 市场普及率要达到 50%; 采用高效节能设备, 包括照明、空调、热水设备、变压器、冷冻冷藏设备等。针对住宅的节能措施有: 推动新建居住建筑达到节能标准及老旧建筑的节能化改造, 逐步实现零能耗; 普及 LED 和有机 EL 光源, 利用 BEMS 提高能效管理水平, 推动人人参与的居民家庭生活节能活动。

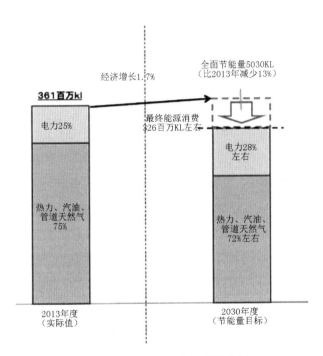

图 3　2030 年能源需求与节能计划

资料来源:「長期エネルギー需給見通し」、平成 27 年 7 月。

(三) 制定零能耗建筑标准, 实现社会可持续发展。

2008 年 7 月, G8 首脑会议在日本洞爷湖举行, 八国集团领导人会后发表

---

① 「長期エネルギー需給見通し」、平成 27 年 7 月。

声明，宣布就温室气体长期减排目标达成一致，确定了到 2050 年将全球温室气体排放量减少至少一半的长期目标。IEA 向八国集团提出能效行动计划建议，以实现零能耗建筑为目标，要求各国采取有力措施推广普及市场①。

世界上首次以法律形式规定建筑必须实现零能耗的是英国。英国政府自 2010 年起每隔 3 年便强化一次规定，并决定在 2016 年之前使所有的新建住宅实现零能耗。法律还规定，住宅以外的建筑也要在 2019 年之前实现零能耗。英国的目标是到 2016 年所有的新建居住建筑，到 2019 年所有的新建公共建筑全部实现零碳建筑。美国的目标是到 2020 年新建居住建筑，到 2030 年新建公共建筑全部实现零能耗建筑。欧盟要求各加盟国 2020 年以后所有新建建筑都要实现近零能耗建筑，而新建公共建筑则要求提前 2 年实现。韩国计划从 2020 年开始实施近零能耗建筑标准，到 2025 年则必须达到零能耗建筑标准。世界各国纷纷制定零能耗发展目标和计划推动了日本加快发展零能耗建筑的步伐。

为了落实京都议定书的减排承诺，日本政府曾于 2005 年制定，2008 年又修订了《京都议定书目标达成计划》，这一计划将提高建筑和住宅节能水平置于应对气候变化政策中的一个重要位置。2008 年《低碳社会建设行动计划》又提出新建建筑和住宅要普及先进节能技术，并以此作为实现低碳社会的重要一环。在此背景下，2009 年 11 月，日本经济产业省的"实现和推进零能耗建筑研究会"发布了《零能耗建筑研究报告书》，对零能耗建筑定义以及日本到 2030 年的远景规划做了详细描述。该报告建议采取以下措施：一是逐步提高建筑物的节能标准，建立综合评价机制，进而强制执行；二是在财税方面加强对于零能耗建筑的开发和技术进步的支持力度；三是积极宣传节能建筑，并完善旨在反映不动产价值的评分制度，改变国民的生活方式，提高国民的节能意识②。

2010 年 4 月，日本国土交通大臣提议，包括住宅在内的所有新建建筑都应达到节能建筑标准。为此，经济产业省、国土交通省和环境省联合成立了

① "Consolidated List of Energy Efficiency Recommendations prepared by the IEA for the G8 under the Gleneagles Plan of Action", IEA.

② 「ZEBの実現と展開について~2030 年でのZEB 達成に向けて~」，平成 21 年 11 月。

"面向低碳社会的住宅与居住方式推进会议"。该会议提出：为了提高建筑节能性能，到2020年所有新建居住建筑和公共建筑要分阶段达到节能建筑标准，按照大、中、小规模依次推进。2012年7月，国土交通省发布《面向低碳社会的住宅与居住方式研究报告》，建议到2020年新建标准居住建筑实现零能耗住宅，到2030年所有新建居住建筑平均实现零能耗住宅①。

日本能源自给率低下，化石燃料基本依靠进口，因此，保障能源安全是日本经济社会可持续发展的基本国策。特别是2011年的东日本大地震导致电力供应紧张，2014年电费比2010年上涨了近25%，电费支出位于家庭各项开支项涨幅之首，尤其是人们开始认识到住宅建立能源自给自足系统是应对自然灾害的利器。因此，加速发展建筑节能，推广可再生能源及其分布式能源成为当务之急。

2015年12月，经济产业省设立"零能耗建筑路线图研究委员会"，该委员会研究报告提出了实现零能耗建筑的路线图，路线图扩大了原有的零能耗概念，提出了近零能耗和净零能耗等新概念，界定了广义上和狭义上的零能耗建筑定义。同时确定了日本零能耗建筑的市场推广和普及目标的路线图，到2020年为推广阶段，到2030年为普及阶段。推广阶段以学校和郊外办公楼为优先，逐步扩展到城市办公楼、商业设施其他及其他建筑。

2016年4月，经济产业省颁布了《能源革新战略》，提出强化建筑节能的方针。到2020年新建居住建筑实现零能耗达标率要在50%以上，同时严格执行新颁布建筑节能法，所有新建建筑物都必须强制执行节能标准。改变过去只有大型的公共建筑才具有必须符合节能标准的强制性义务。为此，战略提出要采取措施对零能耗建筑的目标、进展状况、标准规格及品牌建设进行综合管理②。

从2013至2016年，日本政府历年的经济发展战略《日本再兴战略》将推动零能耗商用建筑、公共建筑和居住建筑的建设列入政府重要工程。2013年《日本再兴战略》提出修改节能建筑标准计划，到2020年新建住宅和公共建

---

① 「低炭素社会に向けた住まいと住まい方」の推進方策について中間とりまとめ」、平成24年7月。

② 「エネルギー革新戦略」、2016年4月18日。

筑逐步强制实行节能建筑标准，并计划从大规模建筑开始推行强制节能建筑标准；2014 年《日本再兴战略》又提出要提高节能建筑标准并积极创造条件普及节能建筑标准；2015 年《日本再兴战略》再次强调要加速发展和普及零能耗建筑；2016 年 8 月，日本政府推出"实现未来投资经济政策"，提出要"加速普及零能耗住宅事业"①。

（四）加大绿色建筑激励措施，推动零能耗建筑发展。

政策激励是推动零能耗建筑发展的重要动力。激励措施包括财政补助、贷款优惠利率、税金减免等。2012 年被称之为日本的零能耗建筑元年，主要是日本政府启动了对零能耗建筑的财政补助体系。政府补助制度主要有两个体系，其一是国土交通省面向中小建筑装修企业的"住宅零能耗化推进事业"，补助对象包括住宅主体结构、建筑设备和可再生能源利用等，原则上为补助对象的 1/2 以内，每户最高限额为 165 万日元。

其二是经济产业省面向新建住宅或既有住宅业主的"净零能耗住宅建筑实证事业"和"净零能耗住宅支援事业"。零能耗公共建筑补助对象包括办公大楼、旅馆饭店、医院和养老福利机构、百货商店、学校、文化体育设施和公寓大楼等，但不包括政府办公大楼（另可申请环境省的"为实现 ZEB 的先进节能建筑实证事业"补助）。补助范围包括设计费、设备费和工程费，以及有助于实现零能耗建筑的建材、空调、换气、照明、热水设备及 BEMS 系统等。补助率为补助对象费用的 2/3 以内，最高上限为 10 亿日元/年。补助要件：制定 ZEB 设计指南，公开设计数据；在不计算其他一次能源能耗和利用可再生能源发电量的基础上，整个建筑一次能源消费量减少 50% 以上；围护结构必须符合节能标准；必须安装 BEMS 设备及系统；能收集、分析和评价不同能源的检测数据；接受第三方机构根据零能耗建筑节能标准的认证②。如表 1 所示，迄今为止已实施了 6 批次，对 272 个项目进行了补助，补助金额累计近 200 亿日元。

---

① 「未来への投資を実現する経済対策」、平成 28 年 8 月 2 日。
② 一般社団法人環境共創イニシアチブ（SII）「平成 28 年住宅・ビルの革新的省エネルギー技術導入促進事業費補助金（ネット・ゼロ・エネルギー・ビル実証事業）公募要領」、平成 28 年 7 月。

图2　日本"零能耗建筑"发展战略及其路线图研究

表1　历年经产省 ZEB 公募补助项目数统计

年份	2012 年	2013 年	2014 年	2015 年	2016 年	合计
项目数量	66	91	47	17	28	272
追加项目			23			

资料来源：一般社团法人环境共创イニシアチブ（SII）。

凡达到 ZEH 或 Nearly ZEH 标准的住户均可申请零能耗居住建筑的政府补助。申请补助要件为：申请住宅年一次能源消费量须达到净零以下；申请住宅年一次能源消费量（除光伏发电量外）须比 2013 年节能建筑标准或建筑业主标准削减 20% 以上；须满足一定的保温隔热性能；须满足高效设备的标准；对既有住宅须达到规定的改造标准；须安装检测装置；能够定期报告能源使用情况；须安装光伏等可再生能源系统[①]。"2016 年度促进住宅建筑革新节能技术推广事业" ZEH 补助项目预算为 190 亿日元，分 6 个批次对社会公募。历年补助项目数量见表 2，其中前三年补助率为补助对象费用的 1/2，最高上限为 350 万日元。从 2015 年起，ZEH 补助金固定为每户 125 万日元，寒冷地区 1、2 区另增加 25 万日元，总额为 150 万日元。采用 ZEH 蓄电池系统还可根据电池容量另外增加 5 万日元/1kWh，但最高上限为 50 万日元或者补贴购买价的 1/3。

表2　历年经产省 ZEH 公募补助项目数统计

实施年度	一次公募	二次公募	三次公募	四次公募	五次公募	合计
2012 年	214	229				443
2013 年	571	484				1055
2014 年	938					938
2015 年	1490	1823	1630	492	711	6146
2016 年	1584	1406	1425	1471	470 *	

资料来源：一般社团法人环境共创イニシアチブ（SII）。

此外，与零能耗建筑发展相关的节能建筑、低碳建筑、智能建筑、长寿建

---

① 一般社团法人環境共創イニシアチブ（SII）「平成 28 年住宅・ビルの革新的省エネルギー技術導入促進事業費補助金（ネット・ゼロ・エネルギー・ハウス支援事業）公募要領」、平成 28 年 8 月。

筑、健康建筑、可持续建筑等各类促进绿色建筑发展的激励措施多管齐下，名目繁多（表3）。以低碳建筑为例，获得此类认证的居住建筑可享受以下优惠：可从住宅金融机构获得长期固定利率购房贷款，在第一个十年还款期内利率下调0.3%；因利用可再生能源及相关的蓄电池、热电联产设备而占用的建筑面积，不计入容积率面积（限1/20内）；登记许可税降低到0.1%，对2014年至2017年入居的住户，所得税最大减免额500万日元（10年），投资型住宅所得税最大减免65万日元。获得低碳建筑认证的公共建筑还可从日本政策金融公库获得特别贷款利率，年基准利率为0.65%，贷款期限为15年。

表3　日本节能建筑优惠制度一览

措施	开始年份	名称	主要内容
政府补助	2008	住宅和建筑减排先导事业	对先进技术建筑结构施工费及其效果核证费补助1/2
	2010	绿色住宅积分制	新建住宅或新改造装修住宅达到一定节能水准可获得积分（新建和新修30万分）
	2012	住宅零能耗推进事业	见上
	2014	长期优良住宅装修推进事业	对既有住宅进行长寿命装修补助，最高限额每户100万元，补助率为1/3
	2014	智能健康住宅事业	"推进既有建筑节能化改造事业"：能耗比原来减少15%以上，改造后须满足一定的节能标准。补助率，每栋建筑最高限额为5000万日元
	2015	可持续建筑先导事业	对有助于节能减排、低碳、健康、防灾等技术推广的住宅和建筑进行补助，补助率为1/2
	2015	区域绿色住宅事业	对中小住建公司因建造零能耗住宅或认证的低碳建筑所增加费用部分进行补助，补助率根据条件设定，一般为1/2
	2015	既有建筑节能推进事业	对既有建筑进行改建能达到15%以上的节能效果或改建后能达到一定的节能水准，节能改建费补助1/3，最高限额每个项目不超过5000万日元。

续表

措施	开始年份	名称	主要内容
信贷	2007	住宅优惠贷款利率	认定为长期优良住宅，低碳住宅的住宅，贷款利息最初 10 年内下浮 0.3%
			取得耐震性能和节能性能好的住宅，贷款利率最初 5 年内下浮 0.3%
税收优惠	2008	促进节能装修税收优惠制度	住宅进行节能装修改造，所得税和固定资产税减免
	2009	长期优良住宅认证制度	根据"促进长期优良住宅普及法"设立，凡认定为长期优良住宅，所得税、不动产登记税，不动产取得税，固定资产税减免
	2012	低碳建筑认证制度	根据"低碳城市促进法"设立，凡认定为低碳住宅，所得税和不动产登记税减免
	2013	促进投资节能建筑税收优惠制度	赠与取得达到节能标准的住宅，赠与税起征税额上浮 500 万日元

资料来源：根据各种资料汇总。

二、标准与体系

"零能耗建筑"是指利用节能技术、能效技术以及可再生能源技术，实现建筑能源消费收支为零的建筑，即"净零能耗建筑"（net-Zero Energy Building），英文缩写为 ZEB。在特指居住建筑时称为"净零能耗住宅"（net-Zero Energy House），英文缩写为 ZEH。其实，零能耗建筑并非一点能源都不消耗，而是实现能源消耗和产出的收支平衡，而且其所消耗的能源主要来自于太阳能、风能、地热能等清洁能源，而不是来自于化石燃料。

（一）零能耗建筑的定义和评价标准

零能耗建筑概念最先由欧美发达国家提出，其技术发展多年已日益成熟。

由于国际上关于"零能耗建筑"定义的边界划分、计算范围、衡量指标、转换系数、平衡周期等理解各有所不同，而且随着科技不断晋级，零能耗建筑定义的内涵和外延也在不断变化。因此，各国对"零能耗建筑"定义内容和范围各有所不同。2015年12月，日本经济产业省公布了零能耗建筑发展路线图，界定了零能耗建筑和住宅的定义，并给出了一个定性定义和一个定量定义。

ZEB定性定义（图4）是指"通过先进建筑设计降低能耗，通过被动房技术有效利用自然能源，通过采用高效设备系统保持室内环境质量的同时实现高效节能，在此基础上利用可再生能源提高建筑能源自给，年一次能源消费量收支为零的建筑"。

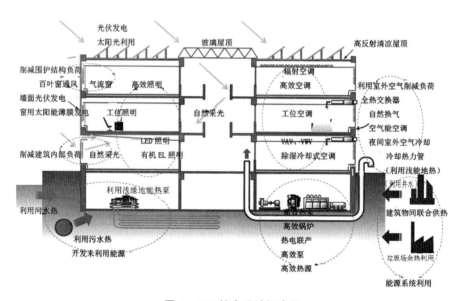

图4 ZEB综合设计概念图

资料来源：「ZEBの実現と展開について～2030年でのZEB達成に向けて～」、平成21年11月。

ZEB定量定义分为三个档次（图5）：第一档为"净零能耗建筑"（ZEB），必须符合两个条件：其一在不计算可再生能源利用的情况下，削减一次能源能耗量超过一次能源消费标准的50%；其二，通过利用可再生能源，实现减少一次能源消费量在100%以上，使能源消费收支为零或负。第二档为"近零能耗建筑"（Nearly ZEB），必须符合两个条件：其一在不计算可再生能源利用的情况下，削减一次能源能耗量超过一次能源消费标准的50%；其二，通过利用可再生能源，减少一次能源消费量在75%以上的建筑。第三档为"准零能耗建筑"（ZEB Ready），除使用可再生能源外，减少一次能源能耗量超过一次能源消费标准的50%以上的建筑。①

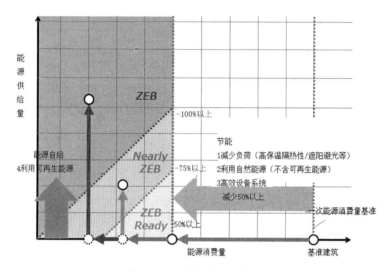

图 5　ZEB 定量定义概念图

资料来源：资源エネルギー庁「ZEBロードマップ検討委員会とりまとめ」、平成27年12月。

ZEH 定性定义（图 6）是指"通过大幅提高围护结构的保温隔热性能，同时采用高效设备系统，在保持室内环境质量和实现高效节能的基础上，有效利用可再生能源，年一次能源消费量收支为零的住宅"。

---

① 经济産業省 资源エネルギー庁「ZEBロードマップ検討委員会とりまとめ」、平成27年12月。

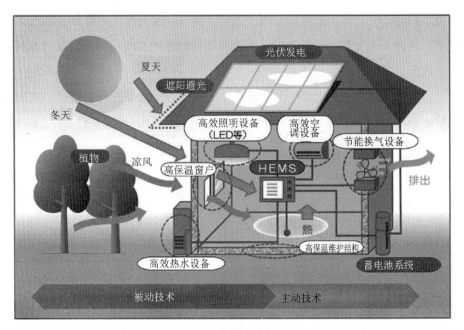

图6　ZEH 定性定义概念图

资料来源：日本经产省资料。

ZEH 定量定义分为两个档次（图 7）：第一档为"净零能耗住宅"（ZEH），必须符合四个条件：其一在提高围护结构性能，在确保 2013 年节能标准规定的 ηA 值、气密性和防结露性能的基础上，UA 值各区须达到以下水平或之下：1 区和 2 区：$0.4W/m^2K$，3 区：$0.5W/m^2K$，4—7 区：$0.6W/m^2K$（表4）；其二在不计算可再生能源利用的情况下，削减一次能源能耗量超过一次能源消费标准的 20%；其三必须利用可再生能源（不设装机容量限制）；其四通过利用可再生能源，减少一次能源消费量在 100% 以上。第二档为"近零能耗住宅"（Nearly ZEH），也必须符合四个条件，前三个与上述相同，第四个条件是通过利用可再生能源，减少一次能源消费量在 75% 以上。[1]

---

① 经济産業省 资源エネルギー庁「ZEHロードマップ検討委員会とりまとめ」、平成 27 年 12月。

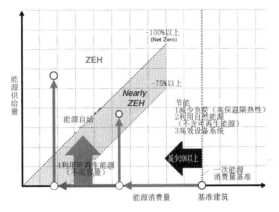

图 7 ZEH 定量定义概念图

资料来源: 资源エネルギー庁「ZEHロードマップ検讨委员会とりまとめ」、平成 27 年 12 月。

表 4 住宅围护结构平均热导率基准（UA 值）比较

区域划分	区域 1	区域 2	区域 3	区域 4	区域 5	区域 6	区域 7	区域 8
ZEH 基准	0.4	0.4	0.5	0.6	0.6	0.6	0.6	—
节能基准	0.46	0.46	0.56	0.75	0.87	0.87	0.87	—

资料来源: 日本经产省资料。

日本零能耗建筑认证目前仅限于设计阶段, 不包括运行阶段。能耗限定于冷暖空调、换气、热水和照明设备, 居住者所使用的家电设备并不包含在能耗统计值内, 主要考虑到运用阶段难以实际把握, 因此家电设备能耗指标被剔除之外, 但作为补充措施, 倡导使用领跑者计划家电产品。可再生能源的利用只限定在建筑用地范围内, 其对象还包含对供电系统的售电部分。

（二）零能耗建筑的可能性分析

日本民生部门的能源消费量及二氧化碳排放量统计分为居民住宅和公共建筑两大类, 商业服务的公共建筑包括九大行业: 事务所和办公大楼、百货商店、旅馆饭店、剧场和游乐场、学校、医院、批发零售、饮食、其他服务行业（包括社会福利设施）等。建筑能源消费根据用途分为五大类: 动力照明、冷气、热水、暖气、厨房等, 一般按使用面积计算建筑设备能耗。1973 年公共建筑单位面积能耗为 $1513 * 10^6 J/m^2$，其中暖气占首位 47%，热水居其次占 32%；2013 年公共建筑能耗为 $1370 * 10^6 J/m^2$，其中动力照明能耗最大，占能耗总量的 44%，其次是暖气和冷气分别占 22% 和 13%，热水位居第三占了 15%。

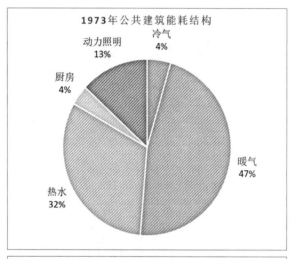

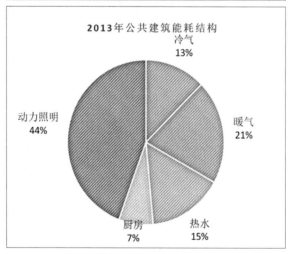

图8 公共建筑单位面积能耗结构

资料来源：「平成26年度エネルギーに関する年次報告」（エネルギー白書2015）。

1973 年度日本居民家庭能源消费为 $30266 * 10^6 J/$户，其中热水能耗最大，占 31.7%，其次是暖气，占 29.9%，动力照明居第三，占 23.0%。2013 年度

图 2　日本"零能耗建筑"发展战略及其路线图研究

居民家庭能源消费为 $35960*10^6$J/户，总消费量平均增长了 20% 左右，而且能耗结构也出现了新的变化，照明动力能耗位居首位，占 37.8%，其次是热水，占 27.8%，第三是暖气，占 23.1%。由此可见，无论是公共建筑还是住宅建筑动力照明、空调和热水都是建筑节能的重点。

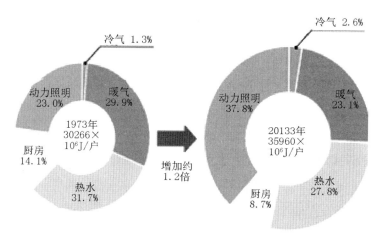

图 9　日本居住建筑能耗结构

资料来源：「平成 26 年度エネルギーに関する年次報告」（エネルギー白書 2015）。

既有住宅保温隔热性能差是居住建筑能耗增加的主因。据国土交通省统计，日本 39% 的既有住宅保温隔热性能未能达到最低标准，达到 1980 年标准的有 37%，达到 2002 年标准的有 19%，真正达到 1999 年标准的也仅有 5%。夏季 73% 的热量是通过门窗进入室内，冬季 58% 的热量是通过门窗从室内逃逸。提升住宅的保温隔热性能可提高空调能效，比未进行保温隔热改造的住宅可节电 60.9%。而且还能提高住宅的健康性，一般来说，冬季由于温差急剧变化，容易引起血压不正常，甚至造成休克而死亡，夏季则容易发生中暑。提高建筑的保温隔热性能，不仅可以有效防止结露，消除螨虫、霉菌等生长的过敏源，还可以稳定血压，大大改善健康状况。因此，提高外墙、门窗等建筑围护结构的保温隔热性能是实现零能耗的基础。

2009 年"ZEB 实现和推广研究会"提出了实现 ZEB 可行性的技术路径（图 10），考虑到 2030 年的技术进步状况，以每层使用面积为 5000m² ，一次能源消耗为 2，000MJ/m²/年的大楼为假设进行模拟计算，结果表明 3 层建筑可以完全实现零能耗，而 10 层建筑可以削减一次能源消费的 80%，节能效果也十分明显①。近年来，尽管这些个别技术在政府的积极支持下不断推进，但是如何组合运用这些个别技术，在 ZEB 的设计和建筑方法上业内并没有形成共识。2013 年《环境能源革新技术计划》对此又进行了新的补充②。实现零能耗建筑的关键标配技术主要有以下几项：

①被动房建筑技术：重点提高建筑隔热保温性能，同时开发低真空隔热保温技术（热损失系数 1.6W/m²K），可移动式太阳能智能主动追光控制系统；

②利用可再生能源：空气能空调，根据室内二氧化碳浓度自动调控室外空气摄入量，室外空气以及新一代热水蓄热技术；

③高效热源：开发高效热源，提高能效 20%，涡轮制冷机 COP 系数从 6.4 提高到 8.0，超高效热泵能效为 1.5 倍，成本为现有的 3/4。

④低能耗输能：综合利用变频器，开发高效泵、高效风扇、高效马达、低摩擦系数输送管道和通风管道；

⑤高效照明：开发节能 1/3 的高效照明光源，可设定照度、调光和人体感应开关及其智能控制系统，推广使用发光效率 200lm/W，寿命为 6 万小时的 LED 光源，普及新一代照明技术；

⑥低能耗办公设备：减少服务器、电脑能耗 1/2，使用可节能 1/3 的高效显示器。

⑦其他电力消费：减少防盗、防灾、待机机器设备 1/3 耗电，待机电器设备的电力消费控制在 50mW 以下。

⑧光伏发电：屋顶 2/3 面积安装太阳能电池板，光伏组件转换效率达到 25%，光伏设备成本降至 7 日元/kWh。

---

① ZEBの実現と展開に関する研究会「ZEB（ネット・ゼロ・エネルギー・ビル）の実現と展開について」、平成 21 年 11 月。
② 「環境エネルギー技術革新計画」、2013 年 9 月 13 日。

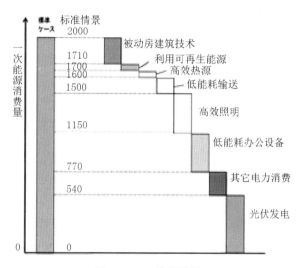

图 10 ZEB 技术路径

资料来源：「ZEB（ネット・ゼロ・エネルギー・ビル）の実現と展開について」（平成 21 年 11 月）。

（三）零能耗与其他建筑评价标准比较

绿色建筑的评价指标主要有两大类，一类是综合环境评价指标，评价范围较宽，不仅仅局限建筑节能性能的评价，还包括废弃物处理、建材使用、生物多样性保护等建筑的综合环境性能。美国的 LEED、英国的 BREEAM，日本的 CASBEE 等都属此类。另一类是专项节能评价指标。重点在于围护结构和相关设备的节能性能评价。英国 EPC、美国的 ENERGY STAR、日本的 BELS 属此类。一般来说，这两类评价体系在实践中往往相互交叉使用。除此之外，日本还存在着多种节能低碳建筑标准相互交融，相互补充的认证体系。零能耗建筑标准在这些多种标准认证并存体系中的相对位置和对应关系如图 11 和图 12 所示。

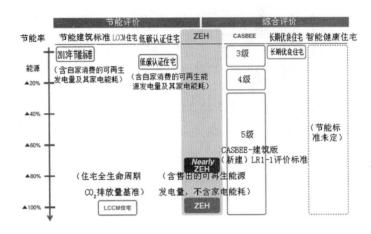

图 11　ZEH 与其他住宅建筑评价标准对应关系

资料来源：资源エネルギー庁「ZEHロードマップ検討委員会とりまとめ」、平成 27 年 12 月。

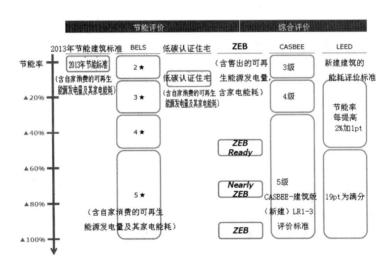

图 12　ZEB 与其他非住宅建筑评价标准对应关系

资料来源：资源エネルギー庁「ZEBロードマップ検討委員会とりまとめ」、平成 27 年 12 月。

1. 住宅性能标识制度

1999 年日本制定了"住宅品质保证促进法"，要求新建住宅质保年限为 10 年。2000 年 10 月，日本根据此法实施了"住宅性能标识制度"，对新建住宅

图 2 日本"零能耗建筑"发展战略及其路线图研究

设计阶段和施工阶段进行评价。评价标准主要有 10 项：①结构稳定；②安全防火；③防止老化；④注意维护更新；⑤保温环境和能耗量；⑥空气环境；⑦光和视觉环境；⑧声音环境；⑨无障碍设施；⑩安防设施等。评价结果分为四个等级。四等：达到 2013 标准，也就是零能耗建筑标准的基线；三等：达到 1992 年标准；二等：达到 1980 年标准；一等：达到其他相关标准。评价内容以建筑保温隔热性能评价标准为主。2015 年 4 月又增加了一次能源能耗评价标准，并增设四等和五等的能耗标准，其中四等以上方可进行双认证、双标识，五等标准相当于低碳建筑能耗认证标准。截至 2016 年 5 月累计设计认证 2743343 户，施工认证 2109140 户。①

2. 长期优良住宅认证制度

2009 年日本又开始实施"促进长期优良住宅普及法"，称之为"百年住宅制度"。新建住宅要认证为长期优良住宅，首先必须满足各项基本性能，并确定住宅的建筑设计和维护保养计划，经政府主管部门审查认证后方可获得。2016 年 4 月，此项认证又扩大至扩建和改建建筑。新建长期优良住宅的认定标准为九项：①防老化对策（确保 3+a 以上）；②抗震性（确保二等以上）；③易维护保养及其更新；④节能性（保温隔热性能四等以上）；⑤维护保养计划，即必须定期检查维修；⑥良好的居住环境；⑦一定规模的居住面积；⑧可分割性（集体住宅）；⑨无障碍设施（集体住宅）。经认证为长期优良住宅可获得税收制度的各项优惠。截至 2016 年 3 月累计认证 696516 户②。

3. CABSEE

CASBEE（Comprehensive Assessment System for Built Environment Efficiency）是 2001 年 4 月开始实施的一项对建筑环境综合性能评价的认证制度。主要特点是：①对建筑物全生命周期进行评价，分为规划、新建、既有和改建四个版本；②从建筑的环境质量（Q）和环境负荷（L）两方面来评价；③评价指标采用环境效率 BEE（Built Environment Efficiency）指标；④评价结构分为五档：S、A、B+、B-、C 档；⑤评价对象分为建筑（住宅和非住宅）、城市和

---

① https：//www.hyoukakyoukai.or.jp/teikyo_joho/jisseki_cross.php。
② 国土交通省住宅局住宅生产课，长期优良住宅的普及的促进に关する法律に基づく长期优良住宅建筑等计画の认定状况について（平成 28 年 3 月末时点）。

社区两大部分。CASBEE 标准借鉴了英美的建筑认证标准，力求实现建筑节能环保与舒适健康相统一，因此，不仅针对节能、绿色建材等环境性的要求，而且还非常重视室内的舒适性和环境景观。但截至 2016 年 5 月 31 日，完成 CASBEE 标准认证的物业仅有 534 件①。

4. 低碳建筑认证标准

2014 年 12 月，为了减少城市建筑和交通领域的二氧化碳排放量，日本制定了"促进低碳城市建设法"。其中一项重要内容就是实施"低碳建筑认证制度"，凡在市区内达到低碳标准的建筑物经政府主管部门审核可认定为低碳建筑，经认证的低碳建筑可获得投融资、税收减免等多项优惠。低碳建筑认证标准为两大类，其一是控制项，即围护结构的保温性能和一次能源消费量，节能性能必须超过节能法所规定标准的 10% 以上；居住建筑采用围护结构的保温性指标 UA 值和遮阳性指标 ηA 值认定，公共建筑则采用年热负荷 PAL 系数认定。其二是可选项，从以下八大推行低碳措施中任选其二：①节水设备；②利用雨水、井水或其他排水的设施；③HEMS 或 BEMS 能源管理系统；④光伏等利用可再生能源发电设备以及相关的蓄电池；⑤采取防止热岛效应的措施：如绿地或水面面积占地面积的 10% 以上；墙面绿化面积占外墙面积的 10% 以上；铺装高日照反射率路面的面积达到 10% 以上，屋顶绿化或高日照反射率材料建造的屋顶面积占 20% 以上。⑥采取缓解居住建筑老化的措施；⑦木屋或木结构建筑；⑧建筑承重结构使用高炉水泥或者其他生态水泥。截至 2016 年 3 月累计认证 15276 件。②

5. BELS 评价标准

2014 年 4 月，日本实施"建筑节能性能标识制度"。建筑节能法第七条规定"从事建筑物贩卖、租赁的业主，对其所贩卖或租赁的物业必须尽力标识建筑节能性能"。物业不分规模，也不分住宅还是非住宅，而且无论是否符合节能标准都须标识。标识方法有三种：第一种是由第三方认证的 BELS，第二种是自我评价的方法，第三种是政府主管部门审定的"符合基准认定标志"。

---

① http：//www.ibec.or.jp/CASBEE/index.htm。

② 国土交通省住宅局住宅生産課，都市の低炭素化の促進に関する法律に基づく低炭素建築物新築等計画の認定状況について（平成 28 年 3 月末時点）。

BELS（Building Energy-efficiency Labeling System）是由第三方机构对建筑节能性能评价的一项认证制度。由住宅性能评价标识协会根据国土交通省 2013 年 10 月制定的"非住宅建筑节能性能评价指南"实施认证。根据性能分为五个等级，分别用星级表示。评价和判断一个建筑物是否符合节能建筑标准，关键指标是 BEI，BEI＝基准一次能源消耗量 EST/设计一次能源消耗量 ET，BEI 值为 1.0 证明达到节能建筑标准，数值越小节能性能越高。BEI 计算时不计入家电和办公设备的能耗。节能建筑标识标注一次能源能耗设计值和一次能耗标准值的绝对值，用 MJ/（m²·年）标记，1MJ 等于 0.28 千瓦电力。BELS 标识的星级用一次能耗标准值除以一次能源能耗设计值可计算得出建筑能耗指数 BEI（Building Energy Index），指数越小星级越高。五星：BEI≤0.5，四星：0.5＜BEI≤0.7，三星：0.7＜BEI≤0.9，二星：0.9＜BEI≤1.0，一星：1.0＜BEI≤1.1。由此可见，最高的五星级节能建筑要求节能量比标准值低 50%以上，一星为现存的住宅或非居住建筑建筑；二星为符合节能标准的建筑；达标节能建筑为二星级以上。2016 年 4 月 1 日新建筑节能法推出住宅版的 BELS 制度。新法规定节能建筑标识发放范围扩大至普通居住建筑。建筑节能量由第三方机构认证，并详细加以标注。根据能耗水平分为五个星级。标识不仅可固定于楼宇内外处展示，也可用于广告宣传、买卖或租借合同之中。但要求业主对其节能性能进行具体说明和解释。此外，符合节能标准的既有建筑也可向政府主管部门申请建筑节能标志。政府计划到 2020 年新建公共建筑和居住建筑 100%达到节能建筑标准，到 2030 年则要新建建筑实现零能耗目标。

6. LCCM 建筑评价标准

LCCM 住宅（Life Cycle Carbon Minus）是从住宅建设、使用、拆除到废弃阶段，从全生命周期评价建筑二氧化碳排放总量为零或负的评价标准。LCCM 住宅评价重点不在于节约能耗，而在于减少排放。由于建设阶段所使用的建材消耗的一次能源也计入建筑总能耗。因此，选择生产过程二氧化碳排放量少的绿色建材非常重要。零能耗建筑主要在设计和运用阶段进行评价。而 LCCM 建筑则以全生命周期评价住宅的零能耗性能，目前尚在示范评价阶段，从 2012

年开始认证以来，截至 2016 年 7 月仅认证了 49 件①。

此外，为了应对日本社会的老年化和少子化，2014 年国土交通省推出了智能健康住宅和城市计划。目前，智慧健康住宅并没有一个准确的定义，也未形成一套认证体系、方法和标准。实际上，智慧健康住宅就是智慧住宅和健康住宅的复合体，一方面利用节能、创能、蓄能设备和能源控制技术实现零能耗住宅，另一方面通过加强围护结构保暖隔热性能，提高建筑抗震性，改善室内空气质量，实现健康舒适的生活。总之，日本确立了以发展零能耗建筑为目标的绿色建筑路线图。国家层面负责界定定义、制定标准、提供补助和培养人才，而社会企业则负责推广宣传、技术开发、设定目标和具体实施，官民合作共同推动"零能、零碳"绿色建筑发展。

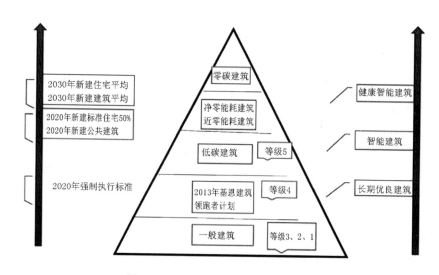

图 13　日本绿色建筑发展目标路线图

资料来源：作者自行汇制。

三、法制与措施

建筑节能法一般直接规定了建筑的能耗评价标准和方法。现行的建筑节能

---

① http://www.ibec.or.jp/rating/lccm-list.html。

图 2 日本"零能耗建筑"发展战略及其路线图研究

标准则是零能耗建筑评价的基准线。2015 年 7 月 1 日，日本国会通过了《建筑节能法》，并于 7 月 8 日颁布。新建筑节能法强制性标准从公布日两年内实施，指导性标准则从公布日一年内实施。在新法出台之前，日本建筑节能法规的依据是《节约能源法》，节能法涵盖工业、交通、建筑和机器设备四大领域。日本节能法全称为《能源使用合理化相关法》，1979 年制定并开始实施。日本节能建筑标准有几个版本，1980 年版称为"老标准"，1992 年修订版称为"新标准"，1999 年修订版称为"新一代标准"，2013 年修订版则为现行标准。建筑节能标准的修订和新法的颁布为推动零能耗建筑的发展创造了良好的法制基础。

（一）建筑节能标准的演变

日本建筑物的节能标准分为住宅和非住宅建筑两大类，评价内容主要由建筑围护结构和建筑机器设备两大部分构成。非住宅建筑用年热负荷系数 PAL（Perimeter Annual Load）来计算外墙和门窗的隔热性能，空调、照明、电梯、热水和家电或办公设备等建筑能耗尽管多为二次能源的电力，但须将各种能耗转换为一次能源能耗计算。一次能源能耗设计值低于或达到一次能源能耗标准值视为节能建筑。建筑节能标准自 1980 年制定以来经历过多次修订，节能基准逐步提高，能效水平不断提升，经济效益显著改善。

第一，节能基准逐步提高。2015 年的新建筑节能法沿袭了 2013 年节能法所规定的节能标准，2013 年节能法与 1999 年标准相比，除了计算方法有所变化外，2013 年节能标准与 1999 年节能标准几乎变化不大。与欧美国家 3 至 5 年调整一次相比，日本的节能基准调整频率和幅度并不大，实际上至今仍维持 17 年前的水平，而且日本不像欧美国家那样实行强制性措施，多为指导性措施。但节能基准还是每一次修订都有所提高，以非住宅建筑为例，设定 1980 年单位面积能耗标准为 1，1999 年则达到了 0.75，相当于节能标准提高了 25%（图 14）。再以住宅建筑空调能耗为例，1980 年节能标准为每年每户 28GL，2009 年节能标准则为 13GL，能耗下降了 54%（图 15）。

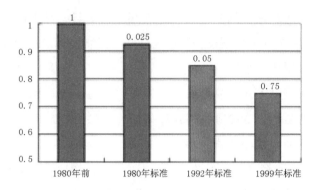

图 14　符合节能建筑标准单位面积能耗比较

资料来源：日本经产省资料。

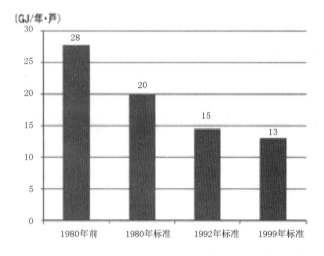

图 15　年空调能耗标准比较

资料来源：日本经产省资料。

第二，申报对象和范围逐步扩大。1979 年制定的节能法只规定了建筑物合理使用能源以及提高建筑能效的相关措施。1980 年制定的标准要求 3000m² 以上的公共建筑新建时必须向政府主管部门申报；1993 年修订的节能法，则规定建筑面积 2000m² 以上的公共建筑物在新建、扩建和改建时，政府主管部门可通过指示或公示要求业主采取相关措施以提高建筑能效；到 2003 年改为 2000m² 以上的公共建筑物新建、改建和扩建时均须向政府主管部门申报，到 2005 年时还包括在 2000m² 以上的住宅建筑新建、改建、扩建以及 2000m² 以上的公共建筑大规模装修时均须向政府主管部门申报；2008 年修订的节能法，对于建筑面积在 300m² 以上的包括住宅和非住宅建筑物，在新建、扩建或改建时，业主必须向政府主管部门申报建筑节能措施，若措施不得力，政府还有权通过指示、公示或命令等方式要求其纠正。同时要求新建或销售 150 户以上规模住宅的业主要采取有效节能措施以提高建筑能效。

第三，节能建筑标准达标率逐年上升。住宅建筑如图 16 所示，2000 年以来符合 1999 年标准的新建住宅建筑一直缓慢上升，但自 2009 年度开始快速增长，主要是由于政府推行长期优良住宅认证制度以及低碳住宅积分制度所致。大型和中型住宅申报自 2010 年度才开始分别统计，2014 年度大型住宅达标率为 49%，但中型住宅 2013 年度和 2014 年度则大幅降低，而且独户和小型住宅未列入统计。非住宅建筑符合节能标准的达标率如图17，2014 年度 2000m² 以上新建非住宅建筑达标率为 96%，300m² 以上 2000m² 以下的新建非住宅达标率为 75%。总体来说，非住宅建筑比住宅建筑达标率高。

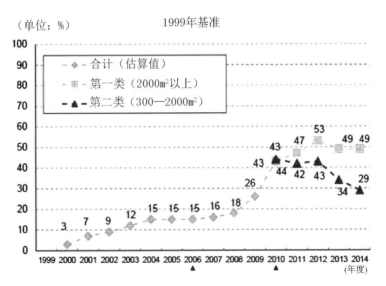

图 16　新建住宅建筑节能标准达标率

资料来源：日本经产省资料。

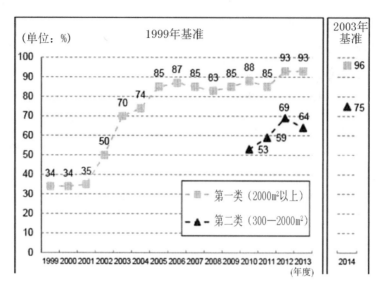

图17 新建非住宅建筑节能标准达标率

资料来源：日本经产省资料。

第四，实行和推广节能建筑标准标识制度。如前所述，2000年根据确保住宅质量促进法实施住宅性能标识制度，2001年实行建筑环境综合性能认证体系（CASBEE），2009年根据节能法实施节能标识制度，2014年又新推出建筑物节能性能标识制度（BELS），标注一次能源消费量的等级（表5）。各类居住建筑节能性能标识制度、公共建筑节能性能标识制度与住宅金融支持机构的住宅贷款优惠利率和各种税收减免等政策相挂钩。

表5 新旧节能性能标识等级对比

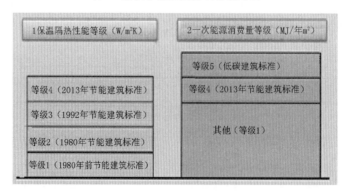

资料来源：日本经产省资料。

第五，其他相关制度。2005 年实行定期报告制度。制度要求业主自主采取节能措施以提高能效，规定业主须申报和定期报告所采取的节能措施、设备使用以及维护保养情况。2008 年又实行住宅领跑者计划，2016 年领跑者计划扩大至建筑材料领域。领跑者计划原本主要促进高耗能机器设备能效提高的一项制度，政府将门窗、保温隔热建材等非耗能产品列入领跑者计划，不仅有助于提高建筑材料产品的能效，且有力地促进了建材企业的技术创新。

（二）现行的建筑节能评价标准

如前所述，零能耗建筑的基准线以 2013 年修订的《节约能源法》所规定的建筑节能标准为依据。非住宅建筑节能标准从 2013 年 4 月 1 日起执行，2014 年 4 月 1 日起全面推广实施。住宅建筑节能标准从 2013 年 10 月 1 日起执行，从 2015 年 4 月 1 日起全面推广实施。2013 年修订的建筑节能标准主要有以下三点变化：

第一、建筑能耗统一转换为一次能源消耗标准计算。1999 年节能标准最大的问题是计算方式不统一，而且围护结构保温隔热性能和设备性能各指标独立计算。旧标准的建筑设备节能标准由 CEC 指标构成。CEC 是设备系统能耗系数，指标准能耗除以建筑物一年内所有设备的能耗，数值越小表明节能效果越好。CEC 根据建筑设备门类设立不同标准，如空调设备 CEC/AC；换气设备 CEC/V，照明设备 CEC/L，热水设备 CEC/HW，电梯设备 CEC/EV 等，居住建筑设备则未设标准（图 18）。由于缺乏评价整个建筑物的综合指标，导致建筑物节能性能难以进行客观比较。因此，新基准不仅有围护结构的保温隔热性能指标，包括冷热空调和热水设备等，而且新增加了对建筑物全体节能性的评价指标。建筑物实际使用的多为二次能源，电力、煤气、汽油等，由于计算单位各不同，为计算方便统一换算成一次能源可以求得建筑物的总能耗。如同汽车百公里耗油量一样，建筑也能用统一单位面积耗能量表示，这样，建筑物比较有了一个客观的基准。

建筑一次能源消费量计算方法如图 19，在相同的区域和使用面积下，建筑设计所计算出的一次能源消费理必须低于 1999 年标准所计算出的标准一次能源消费量。即标准一次能源消耗量 EST≧设计一次能源消耗量 ET（GL/年）。

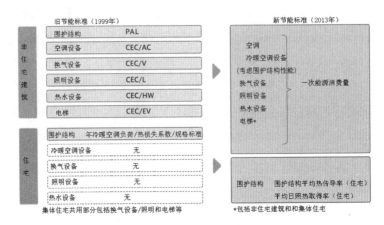

图18 新旧建筑节能标准能耗指标对比

资料来源：国土交通省住宅局「住宅・建築の省エネルギー基準」。

一次能源消费量是空调和冷暖设备、换气设备、照明设备、热水设备、电梯、家电和办公设备等各种能耗的总和。光伏、热电联产等创能设备的发电量可作为节能量抵扣之用。旧标准未将光伏发电等创能指标列入评价内容，新标准则规定：非住宅建筑在不售电的情况下可以全额发电量抵扣节能量，在售电情况下则不得抵扣；住宅建筑自用电力消费量可从其全部发电量中扣除。

图19 建筑一次能源消费量计算方法

资料来源：国土交通省住宅局「住宅・建築の省エネルギー基準」。

第二，重新评价建筑物围护结构的节能性能。围护结构节能标准分为住宅

图 2　日本"零能耗建筑"发展战略及其路线图研究

建筑和非住宅建筑的不同指标。非住宅围护结构（外墙、门窗等）的保温隔热性能仍沿用过去的 PAL 指标。PAL 是年热负荷系数，指建筑物一年内单位面积冷热空调的工作负荷，保温隔热性能越好数值越小；住宅围护结构的保温隔热性能，废除了原来的冷暖空调年负荷基准，由原来的热损失系数 Q 值和夏季日照系数 μ 值，变更为围护结构平均热传导率 UA 值和放冷气季节平均日照热取得率 ηA 值（图 20）。UA 值（W/m²K）是指建筑物内外温差 1℃ 的条件下，围护结构总面积除以建筑物总热损失量所得的值，UA 值越小热量损失越小，隔热性能越高，其计算公式为：UA 值（W/m²K）＝建筑物总热损失量（W/K）/围护结构总面积（M²）。放冷气季节平均日照热取得率 ηA 值是围护结构面积除以放冷气季节各部位日照量乘以面积和方位系数所得的积，ηA 值越小日照率越低，建筑隔热性能越好，其计算公式为：ηA 值＝建筑物日照时间总和［W/（W/m²）］/围护结构总面积 m²×100%。

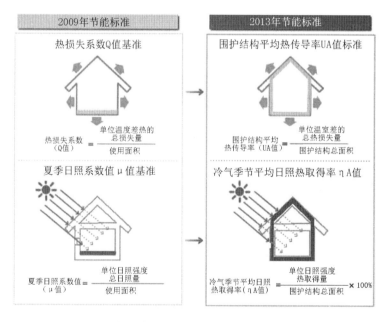

图 20　新旧建筑围护结构节能标准和指标比较

资料来源：国土交通省住宅局「住宅・建築の省エネルギー基準」。

　　第三，区域划分和房间用途发生变更。如表 6 所示，评价住宅和非住宅建筑的标准各地区分设不同指标，区划由原来的六个区域变更为八个区域，旧基准是所有区域都设立了热传导率指标。新基准变更为：在寒冷地区取消了夏季平均日照热取得率指标，而炎热地区则取消了围护结构平均热传导率指标。

表6 新旧区域节能标准对照表

旧节能标准（2009年基准）

区域划分	I	II	III	IV	V	VI
热损失系数基准值	1.6	1.9	2.4	2.7		3.7
夏季日照系数基准值	0.08			0.07		0.06

新节能标准（2013年基准）

区域划分	1	2	3	4	5	6	7	8
围护结构平均热传导率基准值	0.46	0.46	0.56	0.75	0.87	0.87	0.87	—
冷气季平均日照热取得率基准值	—	—	—	—	3.0	2.8	2.7	3.2

资料来源：国土交通省住宅局「住宅・建築の省エネルギー基準」。

与此同时，原建筑节能标准根据办公室、旅馆、医院、商店、饮食店、学校、会所、工厂等8种用途分别设定标准，而修订后的节能标准则进一步细分化，根据201种房间用途而设定一次能源能耗标准，而且住宅与非住宅建筑评价办法严格区分（图21）。

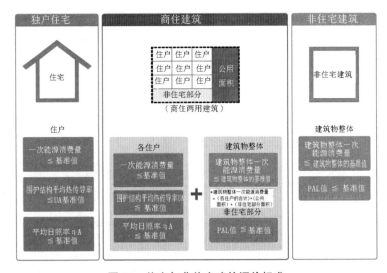

图21 住宅与非住宅建筑评价标准

资料来源：国土交通省住宅局「住宅・建築の省エネルギー基準」。

（三）新建筑节能法的主要措施和特点

《建筑节能法》正式颁布前，建筑节能主要法规是《节约能源法》，此次

《建筑节能法》从节能法中单独分离出来成为一部独立的法律本身意义就非常重大。建筑节能法分为强制性措施和指导性措施两大类别，而且分阶段实施。指导性措施在法律公布 1 年内生效，即从 2016 年 4 月 1 日起执行。强制性措施则在法律公布 2 年内生效，预计从 2017 年 4 月 1 日起实施。新的节能标准到 2020 年将强制执行。

建筑节能法的强制性措施主要有：①创立执行标准的认证制度。对于特定的大型建筑，即建筑面积 2000m² 以上的公共建筑，新建时必须符合节能建筑标准，并须通过政府主管部门或者建筑物能耗认证登记部门的审查和认证，否则不得开工。②实施申报制度。对于中等规模建筑，即建筑面积 300m² 以上的建筑，新建、改建或扩建时必须向政府主管部门申报节能计划，若不符合节能标准，政府主管部门有权发布相关指示或命令其纠正。③建立大臣建筑节能新技术认证制度。为了促进未列入目录的高效节能新技术的运用和推广，对于采用特殊结构或装备的节能建筑，经大臣认定可视为符合节能标准的建筑物。④推广居住建筑领跑者制度。领跑者制度是创建最优节能住宅示范标准，以提高居住建筑节能能效。对于新建独户住宅推广居住建筑领跑者制度，对于不能达到领跑者节能住宅标准（每年 150 户以上）的业主，主管大臣将通过劝诫、公布和命令等方式予以纠正。

建筑节能法的指导性措施主要有：①推广能耗标识制度。凡符合节能建筑基准，且通过政府主管部门审定，建筑物业主须公示其建筑节能能耗标识。②实行容积率特别条例。新建或改建计划符合建筑节能基准，且经过政府主管部门认定后，节能设备所占面积可不计入建筑超标面积。

从上述条款来看，最大的变化有两个特点：其一是要求新建建筑必须符合节能标准；节能标准是根据建筑物的地域、用途和建筑面积的不同，总能耗是否低于规定的能耗标准的一项评价指标。建筑面积在 2000m² 以上的大型公共建筑，在开发前就必须办理符合节能标准的手续。其二是凡符合节能标准的建筑实施建筑节能性能标识制度。购房者或入居者可通过标识或标志进行选购或选住，以此提高企业和家庭的节能意识。

四、技术与路径

日本建筑节能政策将从实现节能建筑标准目标逐步转向实现低碳建筑、零能耗建筑方向发展。节能、创能、蓄能、控能是实现零能耗建筑的主要技术路径，其技术路线图将分三步走。第一步提高建筑物围护结构保温隔热性能，从而减少整个建筑的能源负荷；第二步采用高效节能的照明、空调、电梯、换气、热水等建筑设备，利用先进能效技术进一步降低建筑能耗；第三步利用太阳能、地热、生物质、燃料电池等清洁能源发电技术，与蓄能技术、智能技术组合，实现建筑物能源收支平衡。从而，实现日本到2030年公共建筑节能1226.5万KL，居住建筑节能1160.7万KL的建筑节能减排目标[①]。

（一）建筑住宅负荷减量化

实现ZEB/ZEH目标，首先要解决围护结构的高保温性、高隔热性、高气密性，这不仅是减少建筑物内空调、照明等设备负荷的关键，也是健康建筑的保证。主要技术方向：通过自然通风、自然采光、太阳能辐射等各种被动式建筑手段，实现室内舒适的热湿环境和采光环境，最大限度降低对主动式采暖和制冷系统的依赖。夏季遮阳及自然采光可有效降低建筑空调负荷；冬季有效利用太阳热取暖，利用高效蓄热技术将围护结构作为蓄热躯体进行辐射取暖；开发自动控制辐射空调，利用自然通风技术的自然通风空调让换气设备实现零能耗。这些保温技术、隔热技术、蓄热技术应用领域广泛，节能效果好，但新材料开发至关重要。目前日本正在实施"开发利用太阳热住宅技术（2011—2016）"和"开发未利用热能创新技术（2015—2022）"项目，前者重点开发高性能保温材料和高功能蓄热建材。在真空保温材料、复合陶瓷膜和无氟利昂隔热材料开发上，取得了一定的成果。后者重点开发兼具透明性、隔热性及其电波穿透性的建筑窗户材料和调光玻璃；开发能用于建筑墙壁的高耐久性遮

---

① 資源エネルギー庁：省エネルギー対策について：各部門における省エネルギー対策と省エネ量の暫定試算について，総合資源エネルギー調査会□期エネルギー需給□通し□委員会資料（第7回会合），平成27年4月。

热膜材料，开发建筑空调用的具有高蓄热密度和长期稳定性的蓄热材料等。在高效真空保温材料，陶瓷膜等技术和自动遮阳调光玻璃，高反射涂料、日照遮光膜、反射膜等材料研究上取得了进展。

日本计划通过强化保温隔热性能，实现降低单位面积能耗的目标。一方面，对既有建筑进行积极节能改造。2012 年度节能达标率为 22%，到 2030 年计划达到 39%，此项计划预计可实现节能量达到 373.4 万 KL。另一方面，到 2020 年新建住宅也须逐步符合节能标准，2012 年度节能达标率为 6%，到 2030 年计划达到 30%，预计可实现节能量达到 356.7 万 KL。2014 年非住宅建筑单位面积能耗与 2005 年相比减少了 20.5%，为 891.0MJ/M^2。目前尚有 39% 的住宅不具备保温隔热性能，为此日本将积极推动低碳住宅和零能耗住宅的发展。

（二）建筑设备高效节能化

1. 高效节能空调技术

新一代高效节能空调技术主要方向是推广利用高效空调热泵和高效吸收式冷热水机。第一、高效空调热泵是通过压缩机反复循环蒸发、凝结冷媒气体而生成热能的一项技术。日本已实施了"开发新一代热泵系统"和"开发高效无氟利昂型空调设备技术"项目，在热回收技术、冷热双系统技术、冷媒技术、水合物热泵技术等关键技术上取得了一定的成果，热泵效率比现有技术提升了 50% 左右。目前正在实施的"开发使用高效低 GWP 制冷剂中小型空调设备技术（2016—2020）"项目，以中小型空调设备为研发对象，使用冷媒替代传统的氟利昂，不仅可以大幅减少温室气体排放，而且大大提高了制冷效率。第二、高效吸收式冷热水机作为中央空调冷热源方式，主要用于规模较大的商用建筑和公共建筑。其中潜热显热分离技术大大扩大了利用热能的范围，利用低品位余热、废热和太阳热，可与其他热源组成联合供热系统。第三、工作区—背景区空调系统技术优化了建筑冷热不均衡的问题。对于减少空调能耗，供电调峰和能源多元化方面发挥了积极的作用。今后，高效节能空调设备市场需求将会越来越大，关键在于成本。2012 年度尽管还是空白，但到 2030 年高效空调设备普及率计划达到 83%，预计节能量可望实现 0.6 万 KL。

2. 高效照明技术

照明能耗在住宅能耗中占很大的比例，在商用、公共建筑则更大。低能效光源不仅不节能，而且本身发热量很大，会加大空调负荷。尽管目前低能效的白炽灯已逐步被荧光灯和 LED 所取代，但照明效率仍有进一步提升的空间，采用高效 LED、有机 EL 光源、蓄光、光波导等先进的光利用技术，节能潜力仍有很大的空间。LED 照明、有机 EL 照明是日本推动零能耗建筑的重点技术。为此，日本实施了"开发新一代高效率、高品质照明基础技术（2009—2013）"和"为实现新一代照明开发氮化物半导体等基础技术"等研究项目，在研发 GaN 底板 LED 及有机 EL 照明取得了重大的进步，GaN 底板 LED 具有体积小、亮度高的特点，采用高效内量子 GaN 底板制造工艺、LED 显示器组件优化结构，比目前市面上销售的 LED 照明效率（100 lm／W）提高了 1 倍。有机 EL 照明具有面发光、重量轻特点，不仅创造了新的室内照明方式，而且可广泛应用于建材和装修材料领域。作为点光源的 LED 照明，作为面光源的有机 EL 照明的用途各有其所。高效节能照明技术是一项被广泛利用的技术，具有广阔的市场需求。在商用建筑和公共建筑市场，日本新一代高效照明技术2012 年度普及率仅为 9%，到 2030 年计划实现 100% 全面普及，预计节能量可达 228.8 万 KL。作为照明控制的方法，工位照明和背景照明节能效果显著。科学利用工位照明和背景照明方式、有效利用自然采光技术，修订照明节能标准等措施，可削减单位使用面积的照明用电，符合照明基准的比例 2012 年度仅为 15%，到 2030 年计划实现 100% 的目标，此项可望节约能耗 42.3 万 KL。在住宅市场，新一代高效照明技术 2012 年度市场普及率仅为 9%，到 2030 年计划实现 100% 全面普及，可望节约能耗 201.1 万 KL。

3. 高效热水设备

热水设备能耗占了居民家庭能源最终消费量的 30% 左右。因此，通过利用高效供热技术削减能耗是实现零能耗建筑运行的一个重要手段。目前高效热水设备有"热泵电热水机"和"高效燃气热水器"两大类。日本实施了"研发新一代型热泵（2010— 2013）"项目，对住宅、商用、公用建筑以及工业建筑等 6 个领域进行了应用性研发，重点是热交换机和压缩机的高效化和高密度化技术、高功能蓄热材料、高性能制冷剂等，实现了热泵热水机低温启动、小型化、瞬间响应的技术突破。此项技术可比目前热泵热水机的效率提高50%左右，无论是独户住宅还是大楼均可适用。目前燃气热水器（锅炉）仍占据市场主导地位，今后潜热回收型热水器、热电联产燃料电池、新一代燃气热水器将是更新换代的主要产品。尤其实现燃料电池及其燃气热电联产对于发展分布式能源具有重大的意义。近年来，光伏建筑一体化热水产品如火如荼，热水供暖二联供的高效热泵引发市场广泛关注，热电联产燃料电池量产化后成本降低，开始步入普通家庭。潜热回收型热水设备、高效热泵供热装置（锅炉）等高效供热设备，2012年度商用和公共建筑市场普及率仅为7%，到2013年计划实现44%的目标，节能量可望达到61.1万KL。在住宅市场，2012年度CO_2冷媒HP热水机、潜热回收型热水器、燃料电池和太阳热热水器的市场保有量分别为400万台、340万台、5.5万台，2030年计划分别达到1400万台、2700万台、530万台。可望实现268.6万KL的节能量。

4. 节能家电和办公设备

家电是提升人类生活品质的代表，办公设备则是提高工作效率的代表。为了创造舒适的居住环境和良好的工作环境，各式各样的家电产品和办公设备应运而生，每个人所使用的机器和设备日益增多，舒适的温度和湿度、智能化气流控制技术、体感温度传感器、辐射型冷热空调气机等，基于人类行为工程学设计的室内环境一个都不能少。随着信息通信设备的市场普及，不仅相关机器设备数量急剧增加，各类IT设备能耗也随之不断增加。人类行为活动偏好与能源利用的相关性越来越密切。摆在零能耗建筑面前的课题就是如何兼顾舒适性和节能性。因此，日本计划通过"领跑者计划"提高电子办公设备能效，到2030年节能量可望实现278.4万KL（见表7）。与此同时，通过"领跑者计划"提高家电能效，到2030年节能量目标为133.5万kL，其中计划节约电力104.8万kL，计划节约燃料28.7万kL（见表8）。

表7 2030 年公共建筑主要电子设备领跑者计划

	2012 年实际能耗	2030 年目标能耗	2012 年保有台数	2030 年市场目标
复印机	169kWh/台/年	106kWh/台/年	342 万台	370 万台
打印机	136kWh/台/年	88kWh/台/年	452 万台	489 万台
高效路由器	6083kWh/台/年	7996kWh/台/年	183 万台	197 万台
服务器	2229kWh/台/年	1492kWh/台/年	297 万台	319 万台
存储器	31kWh/台/年	26kWh/台/年	1179 万台	5292 万台
冰柜	1390kWh/台/年	1239kWh/台/年	233 万台	233 万台
自动贩卖机	1131kWh/台/年	770kWh/台/年	256 万台	256 万台
变压器	4280kWh/台/年	4569kWh/台/年	291 万台	291 万台

资料来源：日本经产省资料。

表8 2030 年居住建筑主要家电领跑者计划

	2012 年实际能耗	2030 年目标能耗	2012 年保有台数	2030 年市场目标
空调（制冷）	229kWh/台/年	188kWh/台/年	2.71 台/户	2.79 台/户
燃气炉	5823Mcal/台/年	5565Mcal/台/年	0.06 台/户	0.05 台/户
石油炉	720L/台/年	716L/台/年	0.74 台/户	0.54 台/户
液晶电视	79kWh/台/年	63kWh/台/年	0.47 台/户	1.29 台/户
冰箱	337kWh/台/年	271kWh/台/年	0.82 台/户	0.94 台/户
DVD	40kWh/台/年	35kWh/台/年	1.37 台/户	1.63 台/户
电脑	72kWh/台/年	72kWh/台/年	1.29 台/户	1.83 台/户
存储器	0.005W/GB	0.005W/GB	2.80 台/户	3.34 台/户
路由器	31kWh/台/年	26kWh/台/年	0.5 台/户	1 台/户
电子灶	69kWh/台/年	69kWh/台/年	1.06 台/户	1.08 台/户
电饭煲	85kWh/台/年	82kWh/台/年	0.69 台/户	0.69 台/户
燃气炉灶	570Mcal/台/年	546Mcal/台/年	0.92 台/户	0.88 台/户
温水马桶盖	151kWh/台/年	109kWh/台/年	1.04 台/户	1.24 台/户

资料来源：日本经产省资料。

（三）创能、蓄能、控能三位一体

随着科技的进步和创新，空调、换气、照明、热水、电梯等设备能效不断提升，IT 设备及其系统技术越来越高效节能。但单个设备的能效提升对于建筑整体节能效果有限，零能耗建筑要求采用更加智能化、更加系统化的能源利用管理方式。因此，如何集成管理各单项技术和设备，在保证高效稳定运行的基础上实现最大限度的节能是一个重要的课题，光伏发电，电池蓄电，智能配电是实现创能、蓄能和控能三位一体的核心（见图 22）。

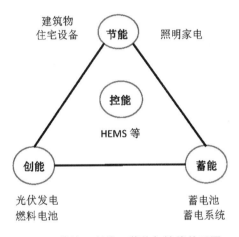

图 22 节能、创能、蓄能与控能关系图

1. 创能：家用燃料电池与光伏建筑一体化

光伏发电是零能耗建筑创能的主角。日本由于土地紧缺，太阳能市场是从住宅市场开始发展起来的，而且以分布式住宅或建筑屋顶光伏发电系统为主。日本光伏发电装机容量从 2009 年 11 月实施剩余电力收购制度以后开始逐步增加，2012 年 7 月实行固定价格收购制度后开始大幅增长，特别是光伏设备成本不断下降后，非住宅光伏发电市场开始出现井喷，到 2014 年累计装机容量为 2688 万 kW（图 23），达到历史最高水平。2015 年度住宅用的电力收购价格为 33 日元/kWh。随着政府收购价格的不断下调，光伏市场出现了需求减少的趋势。但在电力自由化和零能耗建筑政策的支持下，以自用为主的住宅光伏市场将仍有较大增长空间，2014 年住宅光伏累计装机容量为 1062 万 kW，截至 2015 年

2月，安装项目累计达到1678269个，全国住宅光伏普及率为5.9%（图24）。

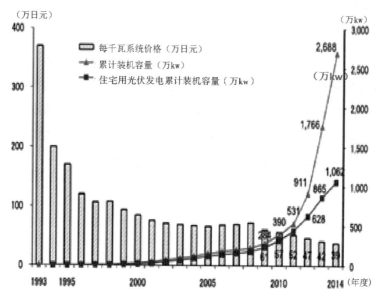

图23　日本光伏发电装机容量与价格变化

资料来源:「平成27年度エネルギーに関する年次報告」（エネルギー白書2016）。

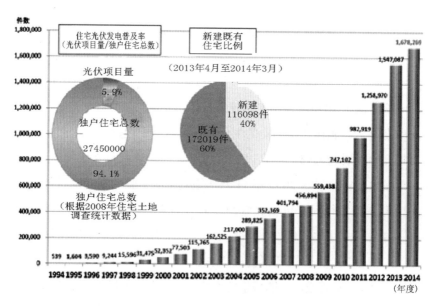

图24　日本住宅光伏发电项目累计数量

资料来源: 太阳光发电协会: 太阳光発电の现状と课题（2015）。

图 2　日本"零能耗建筑"发展战略及其路线图研究

家用燃料电池是零能耗建筑创能的先锋。家用燃料电池是热电联产的创能系统，它并非直接燃气而是从天然气提取氢气，与空气中的氧气形成化学反应发电，发电所产生的热再用于供热。燃料电池系统具有能量效率高的特点，当燃料电池系统被住宅和建筑广泛应用时，传统电力模式将发生根本改变，安装在家庭里输电损耗为零，电力和热水两方面都能利用，因而大大提高了能效，能源效率高达81%；而且一次能源能耗减少27%，比传统供电供热方式减少排放40%，每年每户家庭可减少二氧化碳排放1.3吨，用能清洁环保，节能减排效果显著。燃料电池不同于太阳能电池和风力发电，能够365天24小时稳定供应清洁能源，被称之为"能源农场"。如图25所示，日本"能源农场"（ENE-FARM）2009年上市在全球开了先河。随着家用燃料电池价格降低，销售量不断增长，2015年底突破15万台[1]。日本政府计划到2020年销售140万台，到2030年销售530万台，约占日本家庭用户市场的10%。

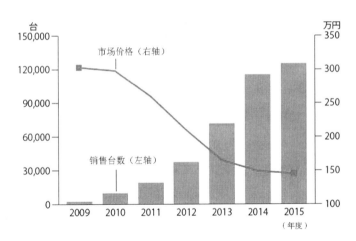

图 25　家用燃料电池市场销售台数和价格

资料来源：日本资源能源厅资料。

2. 蓄能：家用蓄电池

由于可再生能源发电易受天气等因素影响，为确保电力供应的稳定性，一般需要安装家用蓄电池。光伏发电系统与家用蓄电池组合成为零能耗建筑的标

---

[1]　エネファーム パートナーズ家庭用燃料電池「ァーム」累積15万台 突破 について、2015年12月21日。

配。在"经济模式"下，满足自家用电后将多余的电力尽量送出，满充时自动上网售电；在"绿色模式"下，光伏发电以自家用为主，自家用不完电优先充电；在"标准模式"下，利用峰谷差价充放电，以控制电费支出；在"峰谷模式"下，用电高峰时放电或节电，用电低谷时充电，起到削峰平谷作用。而且，也不用担心停电。尽管家用蓄电池可获得政府零能耗建筑设备补助，但目前售价仍偏高，市场保有量约 10 万台左右，预计随着成本的下降，会继光伏之后成为第二个热点。如图 26 所示，根据积水化学工业公司对全国 1368 个用户调查，家用蓄电池"经济模式"运行的中间值为 1310kWh/年，"绿色模式"运行中间值为 1590kWh/年，而且电力自给率达到 42%，其中光伏发电量占 23%，蓄电池发电量占 19%，比直接利用光伏发电增加近一倍。①

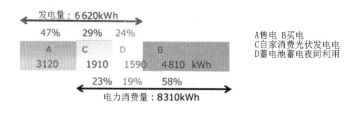

图 26　蓄电池"绿色模式"运作调查结果

资料来源：日本积水化学工业公司资料。

3. 控能：通过能源管理系统优化配置并实现可视化。

减少建筑能耗，除提高单台机器设备的能效外，还必须通过能源管理系统来优化控制能源的消费需求，实现节能技术在面上的突破。住宅能源管理系统 HEMS（Home Energy Management System）是针对住宅内各类家电能耗设备，在不损害其舒适度的前提下控制能源消费最小限度的能源管理系统。建筑能源管理系统 BEMS（Building Energy Management System）是针对建筑物内空调、热水机等整体的能源消费设备进行自动传感控制的能源管理系统。社区能源管理系统 CEMS（Community Energy Management System）系统则是实现楼群能效最大化的区域级能源管理系统。为加强能源管理系统技术开发，日本实施了

---

① http：//sekisuiheim. com/info/press/20160309. html。

"新一代高效能源利用型住宅系统技术开发和实证事业""新一代能源社会系统实证事业"和"完善大规模 HEMS 信息基础事业"等技术研发项目。日本开发的能源管理系统主要有以下几个特点：第一、建筑物内所使用空调设备、照明、电梯、电脑及服务器等 IT 设备，根据建筑物内人的行动模式，利用网络化技术和传感技术，可进行优化控制能耗；第二、光伏发电、燃料电池、蓄能电池等机器设备，利用物联网技术使单台设备相互间联动，实现智能化控制和管理；第三、系统管理不仅仅是为了节能，还包括产能、蓄能的控制和管理，重点以数据分析和基于大数据基础上的管理软件开发为核心。因此，利用能源管理系统可以实现分布式燃料电池的热电联产，利用需求侧响应技术调峰可实现电力系统负荷平均化效果，从而有助于电力供给的稳定，进而有助于可再生能源的推广和普及。特别是能整合区域内的能源供给和需求平衡，最终形成能源消费的优化解决方案。2012 年度，日本 BEMS 的普及率为 6%，到 2030 年计划普及率提高到 47%，预计可实现节能量 235.3 万 KL。HEMS 的普及率为 0.2%，到 2030 年计划全面普及，达到 100%，可望实现节能量 178.3 万 KL。

日本积水化学工业公司从 2012 年开始推行大容量光伏、蓄电池和 HEMS 三位一体的标准住宅，并对其住宅的运行情况进行跟踪调查。最新的调查表明，2015 年度搭载光伏发电系统和蓄电池住宅实现零能耗比率达到 59%，比上一年度的 32% 几乎翻了一番（图 27）。此次调查对象为 2014 年入住的 3078 个住户，调查内容为 2015 年全年住户电力消费量和发电量的收支情况。其中包含家电在内的超零能耗住宅为 32%，不包含家电在内的净零能耗住宅为 27%。作为公司标准的超零能耗住宅电力消费为负 2896kWh/年，作为国家标准的净零能耗住宅电力消费为负 276kWh/年。年水电费盈余分别为 17 万 8500 日元和 8 万 9061 日元。① 由此可见，净零能耗住宅是完全可以实现的。

---

① http://sekisuiheim.com/info/press/20160309.html。

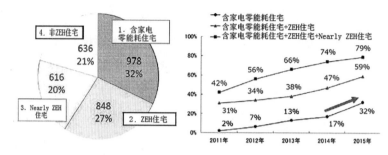

图27　零能耗住宅普及现状调查情况

资料来源：日本积水化学工业公司资料。

五、问题和启示

建筑行业是社会三大能源消耗行业之一，如何推进节能建筑，实现"零能零碳建筑"，已经成为近年来建筑界一直在探索的课题。从日本的经验来看，推行零能耗建筑主要存在下列几个问题：

第一，标准不清晰。长期以来尽管零能耗建筑目标早就提出来了，但零能耗建筑的定义并不清晰。各个建筑公司都在倡导零能耗建筑，但所定义的范围各不同，从消费者来说难以比较。从国际上来看，各国的定义也各不相同，若采用狭义的定义，由于用途、规模等物理条件受限而难以实现目标，例如，严格执行一次能源消费量为零的定义就必须利用可再生能源，而高层建筑由于屋顶面积有限，无法大量设置光伏发电组件，即使布满光伏组件也难以实现能源自给。因此物理上就难以实现零能耗建筑。可望而不可即的目标容易挫伤了企业的积极性。若采用宽泛的定义，政府推广的目标和政策又会失去意义。因此，政府必须在政策引导作用和实现可能性之间寻找恰当的定义和标准。政府提出的标准新建住宅定义不清，缺少评价判定的基准。

第二，技术不成熟。2009年"实现和推广ZEB研究会报告"中提出通过技术创新完全有可能实现零能耗建筑，并确定了开发能够大幅提高建筑能效的各项技术目录。但实际上，仅靠这些技术简单加总难以统一设计成零能耗建筑。因为建筑物非量产化产品，每栋建筑物有不同的规模，设计方法和技术，成本各不相同，相关信息和技术难以共享。这是零能耗建筑难以普及的重要原因。特别是中小建筑企业和设计事务所缺乏零能耗建筑设计施工的能力。而且，未对零能耗建筑成本进行核算，经济性如何确保也是一个大问题。

第三，驱动力不足。要推广和普及零能耗建筑，提高开发商的积极性是非常重要的。对开发商来说，经济性不佳是最大的障碍。零能耗建筑的优点是可以减少水电费支出，通过能源自给自足可提高能效等，而这些好处未必被广大业主所了解。对于租赁大厦来说会增加业主的负担，与水电费支出减少还不成正比。对于零能耗建筑高效保温隔热性能所带来的舒适性和健康性认识不足。节能、绿色建筑的补助制度和标识制度数量众多，一般消费者难以辨认，对既有建筑监管则更难，而且这些新技术、新材料和新产品也带来了施工技术的难度。

今年我国近零能耗建筑技术标准已经开始立项，但离颁布实施尚有很长的一段距离。我们要根据中国国情及其不同的建筑类型，结合低碳城市、低碳社区的发展规划，尽早制定出零能耗建筑及其绿色建筑的发展路线图。由于长期以来建筑物一次能源总能耗数据和指标缺失，绿色建筑标准推广普及缓慢，在我国发展零能耗建筑更加任重而道远，当下只能先从基础工作做起。

第一，首先要高度重视建筑围护结构的保温隔热性能，日本将围护结构的保温、隔热、气密性能作为实现零能耗建筑的基础。建筑围护结构作为建筑主体构件一旦建成就具有锁定效应，除了拆除外很难改变，若通过改建提高性能一般受主体结构限制，其成本往往比新建还要高。既有建筑的改造难度很大，会造成更多的能耗和更大的排放，再加上过去国内建筑的节能标准极低，越老的建筑越难改造。因此，新建建筑要从提高围护结构的保温隔热标准入手，提高结构布局的可变性，表面上看会增加建筑成本，但从长远来看反而会节约成本，而且加强气密性能，不仅可以提高居住者的舒适性，而且有利于人们的健康，对于我们雾霾连天的现实来说尤为重要。

第二，新材料和新技术是推广零能耗建筑的关键，在建材和建筑设备领域应大力推广领跑者计划。日本"领跑者计划"范围已扩大至家电、建材、建筑及其设备领域的31个品种，领跑者制度实施效果显著，不仅有效激励市场竞争和创新，促进推广应用现有节能技术，而且还能够不断增强行业竞争，追求能效的最高标准。去年我国刚刚推出光伏领跑者计划，其实我国建筑业总体上并没有改变粗放的生产方式，浪费严重，建筑材料节能、环保性能总体欠佳，建筑设备能效偏低，推广零能耗建筑更需借"领跑者计划"助力。

第三，节能建筑是绿色建筑的核心，也是推广零能耗建筑的起点。我国自从2006年出台《绿色建筑评价标准》以来，国家和各地政府就不断大力推进绿色建筑发展，尤其是去年推出新版《绿色建筑评价标准》，各地政府在绿色建筑上更加大了财政补贴的力度，但绿色建筑发展仍动力不足，不尽人意。其实在日本获得CABSEE标识的建筑数量也为极有限，市场推广乏力。但不同的是日本构建了一个各种等级、各具特色的绿色建筑体系，各种评价体系相互联系，互为补充，形成了一套完整丰富的评价、认证和标识制度，业主可选择面较宽。因此，目前我国节能绿色建筑评价标准类别和方法不是多了而是少了。我们应积极探讨开发不同种类和不同等级的节能绿色建筑评价标准，以建筑节能为核心，以绿色和生态建筑为导向，通过市场机制来促进低碳、零能耗建筑的梯级发展。

第四，设计和施工质量是实现零能耗建筑的保障。零能耗建筑要求从材料利用、设计、施工技术多方面，全方位的提高建筑整体节能水准。一个合理的建筑设计应当是舒适、经济、高效、智能的统一体。长期以来，我国建筑设计水平与日本相比总体还比较落后，建筑不按套内使用面积计算难以衡量和比较实际能耗水平，多数住宅无换气设备或新风系统，结构可变性差，更缺少基本的水热电三联供系统，这些已远远满足不了人们对居住舒适性和健康性的追求。中日两国建筑工人素质差距则更大，我国建筑大军主要以农民工为主体，面对零能耗建筑所必需的新技术、新材料、新工艺大量涌现，尤其是随着物联网的加速发展，智能化、可视化、数字化机器设备广泛应用于建筑领域，提高目前设计、施工和认证建筑人才的技术水平成为当务之急。

第五，政府激励政策和措施是推广零能耗建筑的重要手段。如前所述，日本的建筑节能也是由政府主导的，发展零能耗建筑政策是法律监管措施、政策激励措施、市场推广措施多管齐下，取得了良好的示范效应。我国在绿色建筑经济激励政策上的措施和力度不亚于日本，但不够精准，更没有采用统一标准及全社会公募的方式推行补贴制度。在法律监管和市场推广措施更为显得薄弱。因此，今后还须进一步完善建筑节能法规体系，重点加强监管力度，大力推进市场创新，推动零能耗建筑发展不仅会成为驱动经济发展的一个新增长点，更会带动和促进当前政府所倡导的供给侧改革，以此迎接第四次工业革命。

全生命周期内建材碳排放的研究

——海尔斯蜂巢轻质墙体

邱玉东　关贤军　Mamadou Bobo Balde　贾金山①

摘　要：

2009 年 12 月哥本哈根世界气候大会召开之后。低碳理念渐渐深入人们生活的方方面面。建筑业作为国民经济的支柱产业，其碳排放研究成了低碳话题中不可或缺的一部分。作为建筑业温室气体排放量的重要部分之一，建筑材料碳排放量研究构成了整体建筑碳排放量研究的基础，为后续整体建筑碳排放研究提供基础数据，对整个建筑业碳排放研究具有很大的推动作用。本文以生命周期评价（LCA）方法为基本框架，研究了建筑材料全生命周期内温室气体排放量评价体系。并以海尔斯蜂巢轻质墙体为对象，量化分析其生命周期内各阶段温室气体排放量，从纵向的建材生命周期内各阶段

　　① 邱玉东，同济大学上海同设建筑设计院副院长，高级工程师，上海科技创业导师。长期致力于中国 "低碳建材与低碳建筑" 的研究与产业发展工作，发起并组织了《2009 中国首届低碳建材高峰论坛》，倡导发布了中国低碳建材《宿迁宣言》，推动全社会节能减排；实践中不断完善中国从低碳建材到低碳建筑的理论体系，多年来对上海高新企业的成果转化与创业辅导发挥着积极的作用。关贤军，同济大学经济与管理学院副教授，结构学博士，美国东卡罗来纳大学（East Carolina University）访问学者。中国灾害防御协会风险分析专业委员会理事、秘书长。长期从事建设工程、应急领域的教学、科研与管理；参加国家 "985" 项目建设。Mamadou Bobo Balde，几内亚纳赛尔（gamal abdel nasser）大学，同济大学建筑与城市规划学院研究生、建筑师，主要研究方向建筑设计及其理论。贾金山，同济大学经济与管理学院管理硕士。

图 3 　全生命周期内建材碳排放的研究

以及横向的与其他墙体材料比较分析，得出一系列结论。

关键词：

　　生命周期评价　建筑材料　蜂巢轻质墙体　温室气体排放

一、绪论

（一）研究背景

　　人类进入工业社会以后，城市工业生产、加工制造、交通、建设等各领域往往大量燃烧或使用一次性能源，由此产生并排放出大量二氧化碳气体，导致地球气候迅速变暖。于是，最终可能引发灾害性气候与环境变化频频发生，严重威胁人类正常的生存环境。对此，国际上已达成共识，要发动全球各国人民从各方面减少二氧化碳气体的排放，保护人类共同的生存空间。"低碳"理念渐渐渗透到人们生活的方方面面。

　　建筑业作为我国国民经济的支柱产业，在创造经济价值和解决人们的生活居住问题的同时，也排放了大量的温室气体。从世界范围看，建筑业的二氧化碳排放量约占人类温室气体排放总量的30%[①]，因此，建筑业碳排放研究成为必然课题而建筑材料是建筑业温室气体排放的主要部分，目前正值我国各项建设发展的繁荣期，建筑材料的需求量不断增大，产品发展与温室气体排放的关系越来越密切。因此，要分析各产品的碳排放情况，为低碳建筑乃至低碳经济提供重要依据。

　　生命周期评价（Life Cycle Assessment，LCA）的思想萌芽最早出现于20世纪60年代末至70年代初。经过四十多年的发展，已纳入ISO1400环境管理系列标准而成为国际上环境管理和产品设计的一个重要支持工具[②]。LCA是一种评价产品、工艺或活动从原材料采集，到产品生产、运输、分配、使

---

　　① 　任国强、张倩影：《全生命周期评价在我国绿色建筑中的应用》，《沈阳农业大学学报》（社会科学版）2007年第5期，第773—775页。

　　② 　聂祚仁、王志宏：《生态环境材料学》，北京：机械工业出版社2004年版，第54—56页。

用以及最终的处置整个生命周期阶段有关的环境负荷的过程，从而找出减少或消除这些环境负荷的措施与方法，它是一种全新的、适应可持续发展战略要求的环境管理模式。

（二）问题的提出

从世界范围看，大约有一半的温室气体来自于建筑材料的生产运输、建筑的建造以及建筑运行管理有关的能源消耗。目前国外对于建筑碳排放量评价体系主要通过将建筑物分解为建筑材料，通过建筑材料碳排放量与建筑物使用以及后续碳排放量加和得出其生命周期碳排放量，最具代表性的是德国2008年推出的DGNB可持续建筑评估技术体系，而这种评价体系需要建立在完善的建材数据库基础之上[1]。但目前国外对于建材层面的环境影响评价体系仍存在着很大争议，具体评价方法也有一定的缺陷和局限性。而国内对此的研究尚处于起步阶段，主要仍集中在较为宽泛的绿色建筑，生态建筑或节能建筑阶段，很少具体研究碳排放问题；而我国有关部门发布的评估标准也仅限于绿色建筑范围，无法满足低碳经济背景下建筑业的需求。

能以建筑材料碳排放量研究构成了整体建筑碳排放量研究的基础，具有重要意义。因此，全面分析建筑材料整个生命周期中影响碳排放量的各种活动、各种因素，并在此基础上做出相应的变革，才能为整个建筑业实现低碳化，为实现低碳经济打下坚实的基础。

参考环境管理学中的生命周期评价（LCA）方法，发现LCA仅着眼于材料的环境负荷，没有引入经济性模型，故具有一定局限性，若引入全生命周期成本（WLCC），构成更加科学的建材碳排放评价方法，完备建材碳排放量评价系统。

（三）研究意义

理论意义：本文采用生命周期评价作为建筑材料碳排放评价体系建立的主要理论依据，并加入经济性考虑，对建筑材料的生命周期评价遵循了科学

---

[1] 卢求：《中国如何发展低碳建筑》，《东南置业》2009年第12期，第78—81页。

性与实用性、完整性与可操作性、定性指标与定量指标相统一的原则，可以在其生命周期中对碳排放量做出科学、合理、正确、全面的评价。通过生命周期评价方法对建筑材料碳排放量的研究，有利于促进生命周期评价方法在建筑领域中理论研究的完善与发展。

实践意义：建筑材料作为建筑构成的基础，其全寿命周期的碳排放量直接影响着整个建筑碳排放量。在我国，尽管出现了很多专门生产生态建材、低碳建材的企业，但是仍然缺乏有效地评价体系作为其经营依据。生命周期评价作为一个全新的面向产品全过程的环境系统分析工具，通过对建筑材料整个生命周期进行评价，引入成本影响因素，为建筑材料行业利益相关者提供了分析和决策的依据，实现环境与经济协调发展。

二、生命周期评价（LCA）体系

（一）生命周期评价的概念

目前，有许多对生命周期评价的通俗定义，其中以国际环境毒理学和化学学会（Society of Environmental Toxicology and Chemistry，SETAC）和国际标准化组织（International Organization for Standardization，ISO）的定义最具有权威性[①]。环境毒理学和化学学会（SETAC）对生命周期评价的定义为："LCA 是一种评价产品、工艺或活动从原材料采集，到产品生产、运输、分配、使用以及最终的处置整个生命周期阶段有关的环境负荷的过程；它首先辨识和量化整个生命周期阶段中能量和物质的消耗以及环境释放，然后评价这些消耗和释放对环境的影响，最后辨识和评价减少这些影响的机会。"并将生命周期评价的基本结构归纳为四个有机联系部分：定义目标与确定范围（Goal and Scope Definition）；清单分析（Inventory Analysis）；影响评价

---

① James A. Fava. , "Sustainable strategies using life cycle approaches," *Environmental Progress*, 2000, 19（2），pp. 61-64.

（Impact Assessment）和改善评价（Improvement Assessment）[①]（图2-1）。国际标准化组织（ISO）认为生命周期评价是对一个产品系统的生命周期中输入、输出及其潜在环境影响的汇编和评价，在ISO14040标准中把LCA实施步骤分为目标和范围定义（ISO14040），清单分析（ISO14041），影响评价（ISO14042）和结果解释（ISO14043）四个部分[②]（图2-2）

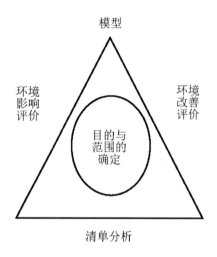

图2-1　SETAC三角形

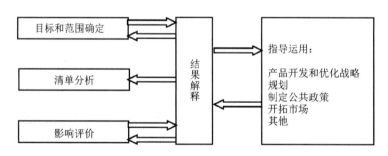

图2-2　LCA实施步骤

① Azapagic A., " Life Cycle Assessment and its application to process selection, design and optimization," *Chemical Engineering Journal*. 1999, 73（1），pp. 1-21.

② Rabitzer G., " Life Cycle Assessment Part 1: framework, goal and definition, inventory analysis, and applications," *Environment International*, 2004, 30（5），pp. 701-720.

图3　全生命周期内建材碳排放的研究

（二）生命周期评价的产生和发展

生命周期评价是一种评价产品整个生命周期（即从摇篮到坟墓）环境影响和资源消耗的方法。生命周期评价最初是在物质和能量流分析的基础上发展而来的。世界上第一个生命周期评价的案例是美国中西部资源研究所对饮料瓶进行的从最初原材料采掘到最终的废弃物处理全过程的定量分析①。

LCA 思想萌芽最早出于 20 世纪 60 年代末到 70 年代初。有关对原材料和能源资源限制的考虑引起了寻找一条积累起来考虑能源利用和规划未来资源供给和使用方向的行动。到 60 年代末期，罗马俱乐部出版的刊物上有人提出了世界人口变化对有限资源和能源需求的预测（THE LIMITS TO GROWTH 和 A BLUE PRINT FOR SUPRVIVAL）。几年后，全球模拟研究预测世界不断增长的人口对有限的原材料和能源资源的供应有需求时的影响。1969 年，美国中西部研究所（The Midwest Research Insitute），即后来的富兰克林协会（Franklin Associates）为可口可乐公司发起了一项研究，此研究为目前生命周期分析的方法奠定了基础。70 年代初，在美国、欧洲、日本的其他公司进行了类似的比较性的生命周期分析。1974 年美国国家环保局发表了一份公开的报告，提出了一系列早期的生命周期评价的研究框架。

与此同时，欧洲一些国家的研究机构和私人咨询公司也相继开展了类似的研究。从 1970 年至 1974 年，整个 REPA 研究的焦点是包装品废弃物问题。据 Pederson 等人的统计，在 20 世纪 70 年代初全球 90 多项研究中，大约 50% 针对包装品，10% 针对化学品和塑料制品，另有 20% 针对建筑材料和能源生产②。

70 年代后期到 80 年早期，对环境的关注转到危险废物的管理上，其结果是生命周期的推理方法融进了刚刚出现的风险评价方法。从 1975 年开始，美国国家环保局开始放弃对单个产品进行分析评价，而转向于如何制定能源

---

① 聂祚仁、高峰、陈文娟：《材料生命周期的评价研究》，《材料导报》2009 年第 13 期，第 1—6 页。

② 邓南圣、王小兵：《生命周期评价》，北京：化学工业出版社 2003 年版，第 64—73 页、第 75 页。

保护和固体废弃物减量目标。同时欧洲经济合作委员会（EEC）也开始关注生命周期评价的应用，于 1985 年公布了"液体食品容器指南"，要求工业企业对其产品生产过程中的能源、资源以及固体废弃物排放进行全面的监测与分析。

后来由于一系列 REPA 工作未能取得良好的研究结果，对此感兴趣的研究人员逐渐减少，公众的兴趣也逐渐冷漠。从 1980—1988 年美国每年只有不到 10 项此类研究。但学术界一些关于 REPA 的方法论研究仍在缓慢进行。欧洲和美国的一些研究和咨询机构依据 REPA 的思想相应发展了有关废弃物管理的一系列方法论，更深入的研究环境排放和资源消耗的潜在影响。

1984 年，受 REPA 方法的启发，瑞士联邦"材料测试与研究实验室"为瑞士环境部开展了一项有关包装材料的研究。该研究首次采用了健康标准评估系统，并为后来的许多研究所采用。其后，苏黎世大学冷冻工程研究所利用荷兰莱顿大学环境科学中心和瑞士联邦森林景观厅的数据库，从生态平衡和环境评价等角度出发，对生命周期评价进行了较为系统的研究，对开创 LCA 这一新领域起到了决定性的作用。1975 年至 1988 年间，欧洲和美国一些研究和咨询机构依据 REPA 思想，相应发展一系列有关废物管理的方法论，深入研究污染物排放、资源消耗等的潜在影响，推动 LCA 向前发展。

1989 年，荷兰国家居住、规划与环境部（VROM）针对传统的"末端控制"环境政策，首次提出了制定面向产品的环境政策。这种面向产品的环境政策涉及产品的生产、消费到最终废弃物处理的所有环节，即所谓的产品生命周期。荷兰政府从 1990 年起，历时三年开展了"荷兰废物再利用研究"。尤其是 1992 年出版的研究报告"产品生命周期环境评价"，奠定了后来国际环境毒理学和化学学会（SETAC）方法论的基础。1990 年 8 月 SETAC 举办首期有关生命周期评价的国际研讨会，首次提出了"生命周期评价（LCA）"的概念，并成立了 LCA 顾问组，专门负责 LCA 方法论和应用方面的研究[①]。

在以后的几年里，SETAC 又主持和召开了多次学术研讨会，对生命周期

---

① 郭廷忠、周艳梅、王琳：《环境管理学》，北京：科学出版社 2009 年版，第 34—36 页。

图3　全生命周期内建材碳排放的研究

评价从理论与方法上进行了广泛的研究。1993 年出版的《LCA 原始资料》，被认为是当时最全面的 LCA 活动综述报告。但由于生命周期评价在方法论上还不十分成熟，仍有许多问题值得研究，特别是 LCA 方法论国际标准化研究。为此 ISO 成立的"环境管理标准技术委员会"（TC207）在 ISO14000系列中为 LCA 预留了 10 个标准号，即 ISO14040–15014049，其中 ISO14040（原 则 与 框 架）、ISO14041（清 单 分 析）、ISO14042（影 响 分 析）和 ISO14043（结果解释）均已陆续颁布，从而有效地指导了各国 LCA 工作的展开，为确定环境标志和产品环境标准提供统一的标准。

（三）生命周期评价的技术框架

本文将生命周期评价的技术框架分为四个部分：定义目标和界定范围、清单分析、生命周期影响评价和结果解释。

1. 定义目标和界定范围

生命周期评价的第一步是确定研究目的与界定研究范围，这一部分包括研究目的、范围、功能单位的确定和结果的质量保证程序。目的与范围的确定是整个生命周期评价最重要的一个环节，它直接影响到整个评价工作程序和最终的研究结论的准确度，甚至会导致结论的错误。首先要定义研究范围，有必要确定系统边界，以保证分析符合研究的目的，范围还包括定义假设、数据需求和研究的限制。目的和范围的确定在生命周期评价中被明确定义为一个过程，它重点考虑以下几个方面的问题：目的、范围、功能单元、系统边界、数据质量和关键复核过程。

定义目的必须说明开展此项生命周期评价的目的和范围以及研究结果的可能应用领域。在不同的条件下，评价的目的也不一样。在针对生命周期评价的过程中，范围占主要地位。如果只局限于某个生命阶段或对局部造成影响，生命周期评价的制定将更有意义。当然，如果一些重要因素被忽略了，评价结果就是片面的，不能对现实情况有客观的说明。尽管如此，有些评价者经常为了提高易处理性而选择限定生命周期评价的范围。他们的观念是意义重大的利益经常来自于限定的生命周期评价。事实上，并不能确定更多的实质性利益将随着广泛的生命周期而出现，广泛范围的生命周期评价，它的成功实现是不确定的，也许结果是一点利益也产生不了。①②③

2. 清单分析

清单分析是生命周期评价基本数据的一种表达，是进行生命周期影响评价的基础。对一种产品、工艺和活动在其整个生命周期内的能量、原材料需要量以及对环境的排放（包括废气、废水、固体废弃物及其他的环境释放物）进行以数据为基础的客观量化过程，该分析评价贯穿于产品的整个生命周期，即原材料的提取、加工、制造和销售、使用和用后处理。后面的环境影响评价阶段就是建立在清单分析的数据结果基础上的。清单分析的目的是对产品系统的有关输入和输出进行量化。清单分析是"对一个产品、包装、过程、材料或活动的整个生命周期过程中能源和原材料的消耗，废气、废水、废渣和其他释放物的量化数据进行技术处理"（EPA 美国国家环境保护局）。④

3. 生命周期影响评价

对清单阶段所识别的环境影响压力进行定量或定性的特征评价，即确定产品系统的物质、能量交换对其外部环境的影响。这种评价应考虑对生态系统、人体健康以及其他方面的影响。LCIA 被认为是 LCA 中技术含量最高、难度最大、同时也是发展最不完善的一个技术环节。

迄今为止，LCA 评价体系中 LCIA 的方法学和基准体系仍处于不断的发展之中，有多种模型可用于计算表示清单数据和环境影响类别关系的特征化指标，但是仍然没有能被广泛接受的统一标准。国际上对影响评价的实施提出了多种方法，这些方法基本上可以分为面向中间结果的方法和面向损害分析的方法。前者注重环境影响类型及其作用机理，采用特征化因子来描述各种环境扰动因素的相对重要性。后者则更注重环境影响问题的因果关系。虽然 LCIA 特征化模型和方法已经取得了较大的发展，但是这些方法和模型的科学内涵还需要不断地完善、充实，主要表现在以下几个方面：（1）根据一致性和可比性

---

① 邓南圣、王小兵：《生命周期评价》，北京：化学工业出版社 2003 年版，第 64—73 页、第 75 页。

② 郭廷忠、周艳梅、王琳：《环境管理学》，北京：科学出版社 2009 年版，第 34—36 页。

③ GB T24041-2000《环境管理生命周期评价目的与范围》，北京：中国标准出版社 2002 年版。

④ 李蓓蓓：《生命周期分析技术框架》，《辽宁城乡环境科技》2001 年第 6 期，第 7—9 页。

的要求，提高模拟环境机理的深度和广度，进一步证明特征化结果的环境相关性，以使潜在环境影响评价结果能够为综合决策服务。（2）鉴别由时间和空间不同而产生的环境影响差异。（3）定量化影响指标的不确定性。在决策过程中，建立不确定性的分析方法，对模型的评价范围进行改进和完善。（4）相关学科的进一步发展完善，促进温室效应、资源消耗、人类健康、生态系统的保护等影响类别比较方法的发展，为综合决策提供有力的技术支持。①

LCIA 阶段主要包括：

（1）影响类型、类型参数和特征化模型的选择

该步骤中，需要便是与选择环境影响类型、相关类型参数与特征化模型、类型终点与其相关的 LCI 结果。环境影响类型的选择既可以与传统类型相一致，如温室效应、酸雨、资源消耗等，也可以由决策者根据实际需要用代表性的特殊问题来确定影响类型。

（2）生命周期清单分析结果的分配

分类是一个将清单分析条目与环境影响类型相联系并分组排列的过程，它是一个定性的、基于自然科学知识的过程。由于清单分析的结果，即与产品和产品系统相联系的环境交换（输出和输入）因子之间常常存在复杂的因果链关系，因此对生态系统和人体造成的环境影响也常常难以归为某一因子的单独作用。不同环境影响类型受不同环境干扰因子影响，同一干扰因子可能会对不同的环境影响都有贡献，如二氧化碳同时对全球变暖和臭氧层损耗都有影响。由于环境影响最终所造成的生态环境问题又总是与环境干扰的强度及人类的关注程度有关，因此分类阶段的一个重要假设是，环境干扰因子与环境影响类型之间存在着一种线性关系，这在某种程度上是对当前科学发现的一种简化②。影响分类就是将清单分析结果的数据分配至不同的环境影响类型中。在生命周期评价研究中，以前的研究者提出大量环境影响种类，对一般的研究者而言，从定义影响类型中选择与自己研究目标相适应的环境影响类型即可。当 LCI 结

---

① GB T24042-2002《环境管理生命周期评价生命周期影响评价》，北京：中国标准出版 2002 年版。

② 王兵、马剑、张玉坤：《绿色建材的生命周期评价体系与方法》，《小城镇建设》2004 年第 10 期，第 82—83 页。

果分配至环境影响类型时，与 LCI 结果相关的环境问题就能被更清晰的显现出来。

（3）类型参数结果的计算（特征化）

该步骤中，将利用不同影响类型的参数结果来共同展现产品系统的 LCIA 特征。其计算过程包括将利用特征化因子将 LCI 结果换算成通用单位，并把同一影响类型的换算结果累加，得到量化的指标结果。

目前，国际上常用的特征化模型主要有：负荷评估（Loading assessment）模型，当量评价（Equivalency assessment）模型，毒性、持续性及生物累积性评估（Toxicity, Persistence, and Bioaccumulation Assessment）模型，总体暴露效应（Generic Exposure/Effects Assessment）模型和点源暴露效应模型（Site-Specific Exposure/Effects）。

上述五种模型中，负荷评估方法只是应用了"小就是好"这样的原则，而不针对系统的输入和输出错造成的环境后果来加以分析，这样并不符合进行影响评估的目的；至于点源暴露效应模型，在众多不同流程的 LCA 分析中并不实际，而更适合用在环境影响评估（EIA）中。当量评价模型，毒性、持续性及生物累积性评估模型，以及总体暴露效应模型较为可行。尤其当量评价模型，其优势在于它是建立在科学研究基础上，同一种压力因子，无论其暴露途径、暴露地点等条件如何不同，它所能产生的潜在环境影响都认为是一样的。因此其结果不受时间和地理因素的影响。[1]

4. 结果解释

结果解释是生命周期评价中根据规定的目的和范围的要求对清单分析和（或）影响评价的结果进行归纳以形成结论和建议的阶段[2]。结果解释的目的是基于生命周期清单分析和（或）影响评价的发现，分析结果、形成结论、解释局限及提出建议，并以透明化方式报告解释结果。

---

[1] Nie Z. R., Zuo T. Y., "Ecomaterials research and development activities in China," *Current Opinion in Solid State and Materials Science*, No. 7, 2003, pp. 14-17.

[2] GB T24043-2002《环境管理 生命周期评价 生命周期解释》，2002 年。

(四) 生命周期评价的意义

生命周期评价可以说对我们的经济社会运行、可持续发展战略、环境管理系统带来了新的要求和内容。归纳起来，生命周期评价的主要意义有以下几个方面：（1）对产品生命周期评价的研究，有利于提高环保的质量和效率，提高人类生活品质。（2）通过对产品生命周期评价的研究，可以加强与现有其他环境管理手段的配合，以更好地服务于环保事业。（3）借助于生命周期评价可以比较不同地区同一环境行为的影响，为政府和环境管理部门进行环境立法、制定环境标准和产品生态标志提供理论支持。（4）生命周期评价克服了传统环境评价片面性、局部化的弊病，有助于企业在产品开发、技术改造中选择更加有利于环境的最佳"绿色工艺"，使企业有步骤、有计划地实施清洁生产。（5）生命周期评价可以为授予"绿色"标签即产品的环境标志提供量化依据，并对市场行销进行引导，指导"绿色营销"和"绿色消费"。（6）应用生命周期评价有助于企业实施生态效益计划，促进企业的可持续增长，帮助企业实现生产、环保和经济效益三赢的局面。[①]

(五) 生命周期评价的应用

生命周期评价作为一种环境管理工具，不仅对当前的环境冲突进行有效的定量化的分析、评价，而且对产品及其"从摇篮到坟墓"的全过程所涉及的环境问题进行评价，因而是"面向产品环境管理"的重要支持工具。它既可用于企业产品开发与设计，又可有效地支持政府环境管理部门的环境政策制定，同时也可提供明确的产品环境标志从而指导消费者的环境产品消费行为。因此当前国际社会各个层次都十分关注生命周期评价方法的发展和应用。生命周期评价的主要应用领域有工业企业部门和政府环境管理部门[②]。在企业层次上，以一些国际著名的跨国企业为龙头，一方面开展生命周期方法论的研究，

[①] 曹华林：《产品生命周期评价（LCA）的理论及方法研究》，《西南民族大学学报》（人文社科版）2004 年第 2 期，第 281—284 页。

[②] 杨建新、王如松：《生命周期评价的回顾与展望》，《环境科学进展》1988 年第 2 期，第 21—28 页。

另一方面积极开展各种产品尤其是新、高技术产品的生命周期评价工作。如识别对环境影响最大的工艺过程和产品系统;以环境影响最小化为目标,分析比较某一产品系统内的不同方案;新产品开发(生态设计)或再循环工艺设计;评估产品的资源效益;帮助设计人员尽可能采用有利于环境的产品和原材料。生命周期评价在政府管理部门中的应用主要体现在政府环境管理部门和国际组织制定的公共政策中;环境管理部门可借助于生命周期评价进行环境立法和制定环境标准以及产品环境标志。如对制定环境产品标准、实施生态标志计划的决策支持;优化政府的能源、运输和废水处理规划方案;评估各种资源利用与废弃物管理的效益;向公众提供有关产品和原材料的资源信息;评估和区别普通产品与生态标志产品[①]。

(六)生命周期评价的局限性

作为一种环境管理工具,LCA 只考虑生态环境、人体健康、资源消耗等方面的环境问题,而不涉及技术、经济或社会效果方面,还必须结合其他方面的信息来确定方案并采取行动。

LCA 的评估范围没有包括所有与环境相关的问题。例如,LCA 只考虑发生了的或一定会发生的环境影响,不考虑可能发生的环境风险及其必要的预防和应急措施。LCA 方法也没有要求必须考虑环境法律的规定和限制。但在企业的环境政策和决策过程中这些都是十分重要的方面。这种情况下应该考虑结合其他的环境管理方法。

LCA 的评估方法既包括了客观,也包括了主观的成分,因此它并不完全是一个科学问题。在 LCA 方法中主观性的选择、假设和价值判断涉及多个方面,例如系统边界的确定、数据来源的选择、环境损害种类的选择、计算方法的选择以及环境影响评估中的评价过程等等。无论其评估的范围和详尽程度如何,所有的 LCA 都包含了假设、价值判断和折中这样的主观因素,所以 LCA 的结论需要完整的解释说明,以区别由测量或自然科学知识得到的信息和基于假设

① 杨建新、徐成:《产品生命周期评价方法及应用》,北京:气象出版社 2002 年版,第 78—83 页。

和主观判断得出的结论。

虽然 LCA 的研究工作已取得了很大的进展，但还没有公认和统一的 LCA 评价模型，现有的几种评价模型也各有优缺点。矩阵法虽然所要求的数据少，时间也短，但矩阵中的每一元素都采用相对值的形式表示，主观性强；层次分析法由于将多目标决策和模糊理论结合，可以解决决策中的权重问题，并且能在多种方案中选出理想的决策方案，但模糊理论中隶属度在一定程度上要凭经验确定，带有很大的主观性，限制了它的发展；多目标优化法建立在多种环境影响同时取得优化的理论基础上，所提供的最终结果是各种条件下系统的不同优化值，这种方法能提供给决策者更大的空间，使他们能根据实际的情况加以取舍，但在实际过程中，由于所造成的环境影响是多方面的，在具体结果的表达上有一定的困难，因此目前的评价仅局限于少数的主要环境影响。

无论 LCA 中的原始数据还是评估结果，都存在时间和地域上的限制。在不同的时间和地域范围内，会有不同的环境清单数据，相应的评估结果也只适用于某个时间段和某个区域。由于研究结果通常针对全球或区域，所以具体地方应结合实际情况进行修正。

三、海尔斯蜂巢轻质墙体碳排放实例分析

本章以海尔斯蜂巢轻质墙体为例，以第三章介绍的生命周期评价模型为基础，对该墙体全生命周期内温室气体排放量进行评价研究。同时，综合考虑蜂巢墙体生命周期内各阶段成本，与温室气体排放量相结合，对比加气混凝土砌块相应温室气体排放量，分析墙体温室气体排放量影响因素，并提出相应改进建议。

（一）海尔斯蜂巢轻质墙体项目概况

1. 海尔斯公司简介

宿迁海尔斯环保科技有限公司成立于 2007 年 4 月 10 日，主要从事新型墙体材料的研发与推广。利用草木纤维生产蜂巢轻质墙体，其具有抗压、保温、隔音、防火、防水等多方面优点，已通过国家权威部门的检测，各项指标均符

合国家要求。研究、开发并制造了世界首条蜂巢轻质墙体自动化生产线，年生产蜂巢轻质墙体 100 万平方米。蜂巢轻质墙体项目将促进新型墙体材料行业的快速发展，将创造巨大的社会效益和经济效益。

宿迁海尔斯环保科技有限公司自成立之日起努力拼搏、积极进取，精心打造中国新型墙体材料行业第一品牌。该公司以服务社会、回报社会为宗旨，以社会责任为己任，不断为社会的发展做出自己的贡献。

该公司坚持自主创新的发展思路，以先进的建筑、结构、声学、环境、机械等科学技术为核心，创造新型墙体材料行业新天地，为提高人们的生活质量和健康而做出积极贡献。

海尔斯是英文"Health"的中文译音，意为"健康"，这是公司产品服务追求的永恒主题。该公司以"严谨的科学态度、求实的工作作风、果敢的创新精神、创造健康的明天"作为企业精神，并向着更高的目标迈进。

2. 蜂巢轻质墙体项目概述

（1）项目产品

蜂巢轻质墙体项目，其墙体主要产品有四种，具体见表 3-1：

表 3-1　宿迁海尔斯环保科技有限公司项目产品

序号	产　品	作　用
1	蜂巢轻质墙板	墙体的主体
2	M 型限位槽	墙体的安装限位
3	专用填充剂	墙板间的链接
4	专用嵌缝剂	墙板间的缝隙处理

（2）项目设备及工艺流程

该项目采用自主创新研发的全自动生产设备，是国际首条生产蜂巢墙体的专用设备。该设备可以实行全自动化生产、流水线作业，生产出标准的蜂巢芯，并且可以对蜂巢芯进行上下层复合，生产出不同厚度、宽度的蜂巢结构；以草木纤维水泥压力板作面材，对蜂巢进行双面粘接复合，制成各种规格的蜂巢墙体板。

该项目产品蜂巢芯和蜂巢轻质墙体复合生产工艺流程分别如图 3-1、图3-2：

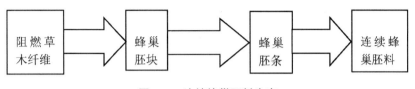

图 3-1　连续蜂巢胚料生产

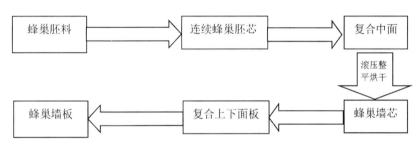

图 3-2　蜂巢轻质墙体复合生产工艺流程

（二）蜂巢墙体生命周期碳排放量计算分析

1. 目标与范围定义

通过对蜂巢轻质墙体材料生命周期内碳排放量进行定量分析与评价，从而找出影响其碳排放量的主要因素，寻求改进的途径与方法，提高建筑材料环境性能。研究对象为海尔斯蜂巢轻质墙体，厚度为 10.6cm，生产加工 1m² 蜂巢墙体使用原料：阻燃草木纤维4.7kg，胶水2kg，上下面板各1m²。整个运输过程假设均使用 5 t 柴油车。生产流程如图 3-3，产品后续流程如图 3-4:[①]

---

①　龚平、汤蓉：《墙体材料生命周期能耗算法分析》，《新型建筑材料》2009 年第 11 期，第62—65 页。

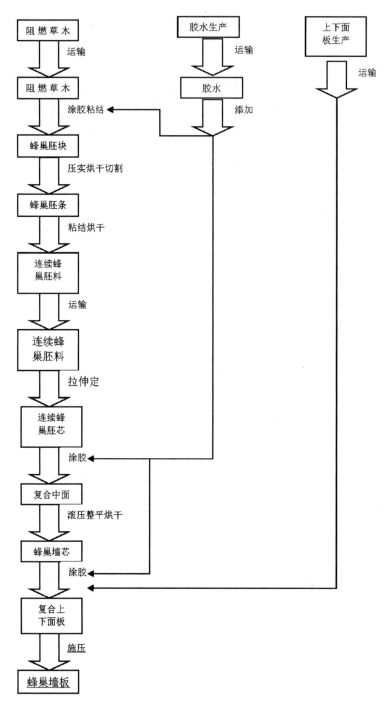

图 3-3　生产流程

图 3-4 产品后续环节

2. 清单分析

（1）公共系统环境数据

由于所有的工业系统几乎都包含有燃料开采、电力生产、运输等环节，可将其称为公用系统。公用系统环境数据库是 LCA 评价的基本要求。公共系统环境数据如表 3-2、表 3-3：

表 3-2 温室气体排放系数

燃料类别	CO_2排放系数	CH_4排放系数	N_2O排放系数	单位	标准煤折算系数	单位
原料煤	2.69	2.85E-05	4.27E-05	kg/kg	0.7143	kg/kg
泥煤	1.11	1.05E-05	1.57E-05	kg/kg	0.35715	kg/kg
焦炭	3.14	2.93E-05	4.40E-05	kg/kg	0.9714	kg/kg
标准煤	2.63	2.57E-05	3.86E-05	kg/kg	1	kg/kg
柴油	2.73	1.11E-04	2.14E-05	kg/L	1.4571	kg/L
电力	0.90	8.80E-06	1.32E-05	kg/（kw·h）	0.342	kg/（kw·h）

注：标准煤排放系数由国内主要燃煤排放系数加权平均算得；其他燃料排放系数由《综合能耗计算通则》（GB/T 2589—2008）及 IPCC2006 温室气体排放清单计算所得；标准煤折算系数参考《综合能耗计算通则》（GB/T 2589—2008）以及 2009 年电力工业快报。

表 3-3 温室气体全球暖化潜势

气体	化学式	全球暖化潜势
二氧化碳	CO_2	1
甲烷	CH_4	21
氧化亚氮	N_2O	310

注：数据来源：ISO 14064-1 组织层次上对温室气体排放和清除的量化和报告的规范及指南。

（2）生产阶段能源消耗

建筑材料生产阶段能耗分析以单位建材能耗表示，对海尔斯蜂巢墙体以每 m^2 衡量。通过对建材生产过程中消耗的各种能源进行统计，得出单位建材生产能耗。由于本文所研究建材属于新型建材，尚无权威的统计素具，因此本文生产阶段能耗数据主要来源于海尔斯公司内部统计资料，具体数据见（表3-4）：

表3-4　$1m^2$ 蜂巢墙板主要生产环节能耗清单

流程	电力/kw×h	标准煤/kg
阻燃草木纤维生产	0.0101	0.1744
胶水生产	0.03	-
上下面板生产	0.0485	-
蜂巢胚块生产	0.446	-
蜂巢胚条生产	0.074	-
连续蜂巢胚料生产	0.0315	-
连续蜂巢胚芯生产	0.626	-
复合中面生产	0.045	-
蜂巢墙芯生产	0.53	-
复合上下面板	0.1765	-
蜂巢墙板	0.033	-
合计	2.0506	0.1744

（3）运输阶段能量消耗

假设运输阶段采用5t柴油车，百公里油耗为25L，各运输阶段能耗如表3-5：

表 3-5 运输阶段能耗

运输阶段	里程/km	油耗/L	1m² 墙体材料油耗
胶水	3.3	0.825	0.00033
阻燃草木纤维	5.9	1.475	0.001387
上下面板	7.5	1.875	0.004238
蜂巢墙板运往销售点	6	1.5	0.0054
合计	22.7	5.675	0.011354

（4）墙体施工、拆除及回收利用阶段能量消耗

由于目前海尔斯蜂巢墙体材料尚处于推广阶段，缺乏施工以及拆除回收利用阶段统计数据，且后续阶段相对能耗较小，对其能耗进行估值。其中，施工阶段能耗约为加气混凝土砌块施工阶段能耗的60%，拆除阶段能耗与施工阶段能耗近似相等。材料回收利用率按《绿色生态住宅小区建设要点与技术导则》规定的40%计算，则能量消耗如 3-6：

表 3-6 后续阶段能耗

后续阶段	电力/kw×h	标准煤/kg	柴油/L
建造施工	0.04076	–	–
破坏拆除	0.04076	–	–
回收利用	−0.82025	−0.06977	−0.00238

注：负值表示因回收利用所节约的能源。

3. 影响评价

影响评价阶段通过将蜂巢墙体清单分析中的消耗能源量与相关能源温室气体排放系数相乘，计算各环节温室气体排放量，并折算为二氧化碳，进行纵向比较。具体计算公式为：

$$E_{GHG_i} = \sum e_j \times p_{j,GHG_i} \tag{1}$$

式中：

E_{GHG_i} ——温室气体 i 排放量；

e_j ——能源 j 消耗量；

p_{j,GHG_i} ——能源 j 的温室气体 i 排放系数。

$$CO_2e_{GHGi} = E_{GHGi} \times GWP_{GHGi} \tag{2}$$

式中：

CO_2e_{GHGi} ——温室气体 i 二氧化碳当量；

E_{GHG_i} ——温室气体 i 排放量；

GWP_{GHG_i} ——温室气体 i 全球暖化潜势。

考虑到本文评价对象的特殊性，为使本文结论能够给具体生产实践活动提出切实可行的改进意见，使产品环境性能与经济效益相一致，将经济性评价引入影响评价体系。要对材料生产流程进行改进，减少其二氧化碳排放量，则必然导致其生产成本变化。假定材料各生产流程二氧化碳排放量变化量服从成本变化量的减函数，如下式：

$$Y_\Delta = L\,(x_\Delta CO_2e,\ a_1,\ a_2\ldots) \tag{3}$$

式中：

$Y_{\Delta c}$ ——二氧化碳排放量变化所导致的成本变化量；

$X_\Delta CO_2e$ ——二氧化碳排放量变化量；

$a_1,\ a_2\ldots$ ——参数。

对上式求导可得二氧化碳变化率：

$$Y'_\Delta = L'\,(x_\Delta CO_2e,\ a_1,\ a_2\ldots) \tag{4}$$

根据《清洁发展机制项目运行管理办法》中的规定清洁发展机制（CDM）项目限价标准中规定的化工类项目最低限价 8 欧元/tCO$_2$e，折合人民币 0.0667元/kgCO$_2$e。由此可以看出，只要：

$$Y_{\Delta c}' \leq 0.0667 \tag{5}$$

即降低单位二氧化碳排放量所导致的成本增量小于 CDM 项目最低限价标准，所进行的生产流程改进就是厂商所能接受的。

（1）生产阶段温室气体排放量及相应成本

碳排放变化率计算时，以生产环节二氧化碳当量总值作为基准二氧化碳排放量，以生产环节总成本作为基准成本，具体数据见 3-7：

表 3-7　生产阶段温室气体排放量及成本

流程	CO_2/kg	CH_4/kg	N_2O/kg	二氧化碳当量/$kgCO_2e$	标准煤当量/kgCe	成本/元
阻燃草木纤维生产	0.467208	4.58E-06	6.86E-06	0.46943115	0.1778742	9.69
胶水生产	0.026948	2.37E-07	3.13E-12	0.026953463	0.01026	3.77
上下面板生产	0.043567	3.83E-07	5.06E-12	0.043574766	0.016587	21.07
蜂巢胚块生产	0.400634	3.52E-06	4.65E-11	0.400708156	0.152532	7.85
蜂巢胚条生产	0.066473	5.85E-07	7.71E-12	0.06648521	0.025308	1.30
连续蜂巢胚料生产	0.028296	2.49E-07	3.28E-12	0.028301137	0.010773	0.55
连续蜂巢胚芯生产	0.562325	4.95E-06	6.53E-11	0.562428937	0.214092	11.02
复合中面生产	0.040423	3.56E-07	4.69E-12	0.040430195	0.01539	0.79
蜂巢墙芯生产	0.47609	4.19E-06	5.52E-11	0.476177854	0.18126	9.33
复合上下面板	0.158547	1.39E-06	1.84E-11	0.15857621	0.060363	3.11
蜂巢墙板	0.029643	2.61E-07	3.44E-12	0.02964881	0.011286	0.58
合计	2.300154	2.07E-05	6.86E-06	2.302715887	0.8757252	69.07

（2）运输阶段温室气体排放量及相应成本

碳排放变化率计算时，以运输环节二氧化碳当量总值作为基准二氧化碳排放量，以运输环节总成本作为基准成本，具体数据见表 3-8：

表3-8 运输阶段温室气体排放量及成本

运输阶段	$1m^2$ 墙体材料油耗/L	CO_2/kg	CH_4/kg	N_2O/kg	二氧化碳当量/kgCO₂e	成本/元
胶水	3.30E-04	9.01E-04	3.65E-08	7.05E-09	9.04E-04	0.13
阻燃草木纤维	1.39E-03	1.25E-03	1.22E-08	1.83E-08	1.25E-03	0.2
上下面板	4.24E-03	1.16E-02	4.68E-07	9.05E-08	1.16E-02	1.9
蜂巢墙板运往销售点	5.40E-03	1.47E-02	5.97E-07	1.15E-07	1.48E-02	6.8
合计	1.14E-02	2.85E-02	1.11E-06	2.31E-07	2.86E-02	10.93

（3）施工、拆除及回收利用阶段温室气体排放量

上文以及提到，由于蜂巢轻质墙体材料尚处于推广阶段，相应施工、拆除及回收利用阶段成本数据同样缺乏，同时考虑到这些阶段经济性分析对指导生产时间的意义不大，因此主要考虑温室气体排放量，具体数据见表3-9：

表3-9 后续阶段温室气体排放量

后续阶段	CO_2/kg	CH_4/kg	N_2O/kg	二氧化碳当量/kgCO₂e	标准煤当量/kgCe
建造施工	3.66E-02	3.59E-07	5.38E-07	3.68E-02	1.39E-02
破坏拆除	3.66E-02	3.59E-07	5.38E-07	3.68E-02	1.39E-02
回收利用	-9.27E-01	-9.27E-06	-1.36E-05	-9.31E-01	-3.54E-01

注：负值表示因回收利用所节约的能源。

（4）加气混凝土砌块全寿命周期温室气体排放量

为实现所研究材料的横向对比，本文对加气混凝土墙体全寿命周期温室气体排放量进行计算，以此作为蜂巢轻质墙体材料的对照系。砌块规格为：加气块25-04-600×240×120，其温室气体排放量见表3-10：

表 3-10　加气混凝土砌块温室气体排放量

流程	CO_2/kg	CH_4/kg	N_2O/kg	二氧化碳当量/kgCO$_2$e	标准煤当量/kgCe
砌块生产	12.84213	1.26E-04	1.89E-04	12.90324	4.889337
水泥砂浆生产	1.109266	1.09E-05	1.63E-05	1.114545	0.422327
建筑施工	0.061026	5.98E-07	8.96E-07	0.061316	0.023234
破坏拆除	0.061026	5.98E-07	8.96E-07	0.061316	0.023234
回收利用	2.568426	2.51E-05	3.77E-05	2.580648	0.977867

注：数据由参考文献数据进一步计算得来。

4. 结果解释

结果解释是通过影响评价所得出的温室气体排放量以及单位成本温室气体排放量等数据进行分析，提出相应改进做事，以利于所研究建材减少温室气体排放。

（1）纵向分析

环境影响评价所得数据表明，$1m^2$ 海尔斯蜂巢墙体材料全生命周期二氧化碳排放量为 1.47kgCO$_2$e，能源消耗 0.57kgCe。其中生产阶段二氧化碳排放量最大，为 95.47%。由于后期材料回收利用，可减少排放量 38.71%。全生命周期温室气体排放百分比如图 3-5：

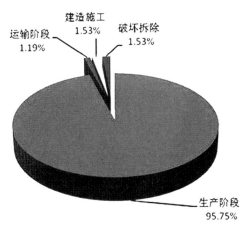

图 3-5　全生命周期温室气体排放百分比

由于产品生产阶段温室气体排放量最大，因此应重点分析该阶段各生产流程温室气体排放量。产品生产阶段温室气体排放百分比如图3-6：

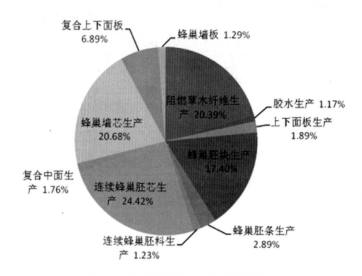

图3-6　生产阶段温室气体排放百分比

可以看出，产品生产阶段温室气体排放量较大的流程有：连续蜂巢胚芯生产（24.42%），蜂巢墙芯生产（20.68%），阻燃草木纤维生产（20.39%），蜂巢胚块生产（17.40%）。因此，在产品生产流程改进中，应重点在以上四个流程。

由于缺乏全面的统计性资料，无法确定蜂巢轻质墙体生产技术改进所造成的温室气体排放量以及成本的变化值，以此进行回归分析。在这里假设连续蜂巢胚芯生产阶段技术改进函数为：

$$Y_{\Delta c} = a_1 / X_{\Delta} CO_2 e^{a2} \qquad (1)$$

式中：

$Y_{\Delta c}$——二氧化碳排放量变化所导致的成本变化量；

$X_{\Delta} CO_2 e$——二氧化碳排放量变化量；

a_1，$a_2 \ldots$——参数.

求导得：

$$Y_{\Delta C}' = -a_1 \times a_2 \times X_{\Delta} CO_{2e}^{a2-1} \qquad (2)$$

只要连续蜂巢胚芯生产技术改进所导致的成本变化率小于等于 CDM 项目最低限价标准，均可认为该技术改进是成功的，能够实现企业利益与环境效益相一致。

（2）横向分析

结合加气混凝土砌块全生命周期温室气体排放量数据，与蜂巢轻质墙体相应环节数据对比，可以得到图 3-7：

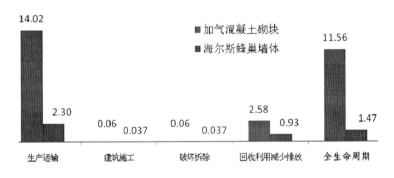

图 3-7　蜂巢墙体横向对比

蜂巢轻质墙体全生命周期温室气体排放量仅为加气混凝土砌块的 12.7%，其中，生产环节为 16.41%，建筑施工以及破坏拆除环节为 60%，回收利用减少排放为 36.04%。可以发现，蜂巢墙体在各个环节温室气体排放量均明显小于加气混凝土砌块。当然，由于墙体力学性能等评价墙体材料的重要指标不在本文讨论范围内，因此无法更为全面的评价该墙体材料。但仅就其温室气体排放量而言，其确实符合未来低碳经济对建筑材料的要求。

四、结论与展望

（一）结论

本文以 LCA 基本原理为基础，建立建筑材料温室气体排放量计算模型，并将海尔斯蜂巢墙体材料整个生命周期分为生产、运输、建筑施工、破坏拆除以及回收利用五个阶段，分别对各阶段温室气体排放量进行计算分析。通过纵向的蜂巢轻质墙体材料本身各阶段排放量比较以及横向的与加气混凝土砌块各阶段排放量比较，得到以下结论：

（1）蜂巢轻质墙体全生命周期温室气体排放量中，其生产阶段排放量占95.75%，而在生产各流程中，温室气体排放量主要集中在连续蜂巢胚芯生产、蜂巢墙芯生产、阻燃草木纤维生产、蜂巢胚块生产四个环节，其排放量占整个生产阶段排放量的82.89%。因此在产品为进一步降低二氧化碳排放量进行技术改进时，应主要集中于产品生产阶段的连续蜂巢胚芯生产、蜂巢墙芯生产、阻燃草木纤维生产、蜂巢胚块生产四个环节。同时参照CMD项目最低限价标准，提出产品技术改进经济性评价模型，以此作为企业技术改进衡量标准。

（2）蜂巢轻质墙体全生命周期温室气体排放量仅为加气混凝土砌块的12.7%，且该墙体各阶段温室气体排放量明显小于加气混凝土砌块，符合低碳经济对建筑材料的要求。

（二）展望

低碳理念渐渐深入社会的方方面面。建筑业作为国民经济的支柱产业，其碳排放研究成了低碳话题中不可或缺的一部分。作为建筑业温室气体排放量的重要部分之一，建筑材料碳排放量研究构成了整体建筑碳排放量研究的基础，为后续整体建筑碳排放研究提供基础数据，对整个建筑业碳排放研究具有很大的推动作用。

生命周期评价作为一个面向产品全过程的环境系统分析工具，通过对建筑材料整个生命周期温室气体排放量进行评价，分析材料各阶段温室气体排放量与相应成本变化规律，从而指导企业生产技术改进。同时，生命周期评价在建筑材料温室气体排放量中的应用有待深入研究，完善生命周期评价的方法是未来需要妥善解决的问题。尤其在数据获取方面，建立完善的、准确的、实用的建筑LCA数据库，对建筑业温室气体排放量研究与发展具有重要意义。

B.4

中国绿色建筑的发展
及中新天津生态城的探索

宋 昆 叶 青 邹芳睿 孙晓峰①

摘 要：

　　推动绿色建筑的发展是世界上各个国家建筑科学研究的重要命题，也是我国改变城乡建设模式，节约能源资源的重要途径。我国近十年来绿色建筑发展过程中成效与问题并存，只有逐步解决现存问题，才能够突破节能瓶颈，实现绿色建筑更加健康快速的发展。

关键词：

　　绿色建筑　生态城市　发展现状　显著问题　中新天津生态城

　　发展绿色建筑是贯彻落实十八届五中全会"创新、协调、绿色、开放、共享"五大发展理念，以及《中共中央国务院关于进一步加强城市规划建设管理工作的若干意见》（2016年2月6日）所提出"适用、经济、绿色、美观"建筑方针的具体实践，同时也是《中华人民共和国国民经济和社会发展第十三个五年规划纲要》（2016年3月17日，国家发展和改革委员会）、《住房城乡建设事业"十三五"规划纲要》（2016年7月6日，住房与城乡建设

──────────

　　① 宋昆，天津大学建筑学院教授。叶青，天津大学建筑学院博士后。邹芳睿，天津大学建筑学院博士生、天津生态城绿色建筑研究院。孙晓峰，天津大学建筑学院博士生、中新天津生态城管委会。

部）的主要目标之一。截至 2015 年 12 月 31 日，全国共评出 3979 项绿色建筑评价标识项目，总建筑面积达到 4.6 亿平方米，其中设计标识项目 3775 项，运行标识项目 204 项①。经过十年的努力，我国的绿色建筑发展迅速，成绩显著，但在绿色建筑立法、地域发展平衡、绿建标识评价以及管理运营等方面存在问题仍需探讨和解决。

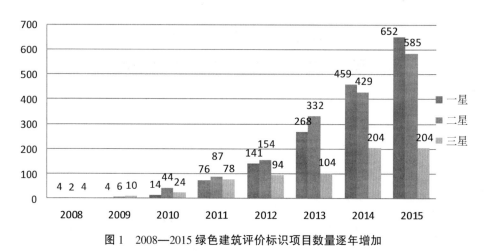

图 1　2008—2015 绿色建筑评价标识项目数量逐年增加

资料来源：《绿色建筑 2016》。

一、我国绿色建筑发展现状

（一）绿色建筑相关政策陆续出台

为促进绿色建筑全面、快速发展，提高我国绿色建筑整体水平，2006 年由国家住房和城乡建设部与国家质量监督检验检疫总局联合发布《绿色建筑评价标准》（GB/T50378-2006），标志着我国绿色建筑评价工作初步开展。此后住建部在 2009 年 6 月下发了《关于推进一二星级绿色建筑评价标识工作的通知》（建科〔2009〕109 号），授权有条件的省市制定地方标准，并开展地

---

① 中国城市科学研究会主编：《中国城市科学研究系列报告：中国绿色建筑（2016）》，北京：中国建筑工业出版社 2016 年版，第 1 页。

方绿色建筑评价工作。2012 年，国家财政部、住建部发布《关于加快推动我国绿色建筑发展的实施意见》（财建〔167〕号），阐述了绿色建筑发展的重要意义、主要目标、基本原则，对绿色建筑的标准规范、激励机制、科技研发、产业发展等方面要开展的工作加以明确。2013 年，国务院办公厅发布了《关于转发发展改革委住房城乡建设部绿色建筑行动方案的通知》（国办发〔2013〕1 号），进一步明确了开展绿色建筑行动的重要意义、指导思想、主要目标和基本原则，并布置了新建建筑节能、既有建筑改造、城镇供热系统、可再生能源、技术研发、绿色建材、建筑工业化、建筑拆除、建筑废弃物资源化利用等重点任务，同时提出了强化目标责任、加大政策激励、完善标准体系、深化城镇供热体制改革、严格建设全过程监督管理等保障措施[①]。2014 年，中共中央、国务院在发布的《国家新型城镇化规划（2014—2020）》中进一步提出了我国绿色建筑发展的中期目标。2015、2016 年住建部连续发布了《住房城乡建设部建筑节能与科技司关于印发 2015 年工作要点的通知》（建科综函〔2015〕23 号）、《住建部关于绿色建筑评价标识管理有关工作的通知》（建办科〔2015〕53 号）、《住房城乡建设部关于印发住房城乡建设事业“十三五”规划纲要的通知》（建计〔2016〕141 号），对绿色建筑的发展和管理均提出了具体要求。中共中央、国务院、国家部委陆续出台重要文件，充分显示出国家对于绿色建筑发展的高度重视。按照上述文件要求，国内大多数省和直辖市都纷纷制定出台了地方绿色建筑评价标准，并颁布了地方的绿色建筑奖励办法。

（二）绿色建筑标准体系逐步完善

2006 年发布的《绿色建筑评价标准》（GB/T 50378）（以下简称《标准2006》）作为我国第一部绿色建筑综合评价标准，在最初编制过程中参考了国际上较为成功的美国 LEED 和英国 BREEAM 等国外评估工具，该标准明确了绿色建筑的定义、评价指标和评价方法，确立了我国以“四节一环保”为

---

① 孙晓峰、蔺雪峰、戚建强：《中新天津生态城绿色建筑管理探索与实践》，《建筑节能》2015年第 8 期，第 113—118 页。

核心内容的绿色建筑发展理念和评价体系。伴随着我国不同行业、类别的建筑实践不断丰富，绿色建筑产业亦进入内涵和外延迅速扩充阶段，《标准2006》逐渐显露出评价能力受限等问题。2012年依据住房和城乡建设部〔2011〕17号文件的要求，中国建筑科学研究院、上海市建筑科学研究院等多家研究、设计单位，通过对《标准2006》的修订意见和建议进行调研，并结合自2006年实施以来的实际应用情况，以及近期国外建筑评价标准的发展现状对原标准进行调整升级。于2015年1月1日由住建部和国家质量检验检疫局联合颁布并正式实施《绿色建筑评价标准》（GB/T50378-2014）。与此同时，绿色建筑设计、施工、运行维护标准，绿色工业、办公、医院、商店、饭店、博览、既有建筑改造绿色、校园、生态城区等评价标准，民用建筑绿色性能计算、既有社区绿色化改造技术规程，以及绿色超高层、保障性住房、数据中心、养老建筑等技术细则也相继颁布或启动编制。此外，全国已有25个省市出台了地方绿色建筑评价标准。绿色建筑标准正向全寿命周期、不同建筑类型、不同地域特点、由单体向区域的几个维度充实和完善①。

（三）绿色建筑标识管理制度基本建立

为规范我国绿色建筑评价标识工作，住房城乡建设部等相关部门自2007年起发布了一系列管理文件，对绿色建筑评价标识的组织管理、申报程序、监督检查等相关工作进行了规定，于2008年组织开展了第一批绿色建筑设计评价标识项目申报、评审、公示，15个项目首次授予标识。同时陆续批准了35个省市开展本地区一、二星级绿色建筑评价标识工作，标识评价机构基本覆盖全国，形成了从中央到地方的组织机构形式。为转变政府职能，促进绿色建筑健康快速发展，住房城乡建设部办公厅于2015年10月发布了《关于绿色建筑评价标识管理有关工作的通知》（建办科〔2015〕53号），提出了逐步推行绿色建筑评价标识实施第三方评价，目前天津市已开展了相关实践，其他地区也在积极探索实践途径②。

---

① 宋凌、宫玮：《我国绿色建筑发展现状与存在的主要问题》，《建设科技》2016年第10期，第16—19页。

② 同上。

图 4　中国绿色建筑的发展及中新天津生态城的探索

二、我国绿色建筑发展存在的主要问题

（一）绿色建筑法律法规层面

通过国家政策的推动以及绿色建筑发展作为建筑节能工作的深化和延伸，各省市开始把绿色建筑作为城市建设领域的一项重要内容来实施，一些经济发展水平较高、绿色建筑实践经验较多的城市，已经率先出台了强制性实施绿色建筑的地方性法规文件，例如武汉市在 2010 年发布的《武汉市绿色建筑管理试行办法》、广州市在 2010 年发布的《广州市发展绿色建筑指导意见》、深圳市在 2013 年发布的《深圳市绿色建筑促进办法》、江苏省在 2015 年发布《江苏省绿色建筑发展条例》、贵州省在 2015 年发布的《贵州省民用建筑节能条例》、浙江省在 2015 年发布的《浙江省绿色建筑条例》、江西省在 2015 年发布的《江西省民用建筑节能和推进绿色建筑发展办法》、天津市在 2015 年修订后发布的《天津市建筑节约能源条例》的等文件中，明确提出了实施绿色建筑的有关要求，确定了政府各相关部门的分工，细化了绿色建筑实施的各方主体在不同阶段应履行的事项，有些地方性法规中还提出了绿色建筑的鼓励措施和奖励办法。

（二）绿色建筑社会推动层面

美国能源部助理副部长桑德罗先生曾经提到：绿色建筑在全球发展非常迅速，一般是三年翻一番。而近五年我国绿色建筑每年都以翻番的速度发展，有的年份甚至达到三倍[①]。我国绿色建筑迅速发展的背后仍存在很多问题。

一是绿色建筑面积虽然大幅增长，但与未来 20—30 年城镇化过程的目标建设量相比，当前绿色建筑建设总量远达不到节能环保形势的要求；

二是绿色建筑投入和产出经济效益主体分离，往往前期投入是开发企业，

---

① 中国城市科学研究会主编：《中国城市科学研究系列报告：中国绿色建筑（2014）》，北京：中国建筑工业出版社 2014 年版，第 4 页。

而效益受益者为后期建筑使用者，因此难以调动房地产企业的积极性。此外，以消费者意愿为主体的市场环境尚未成熟，仅强调环保责任、节能义务等层面的宣传无法刺激民众对绿色建筑的购买意愿；

三是对绿色建筑以及绿色建筑技术的认知度欠缺，缺乏整体整合以及注重过程行为落实等更深层次的意识；

四是在行业中未能形成规范制度以及自觉行为，部分房地产企业为争取财政奖励而推行绿色建筑技术、措施，因此难以保证绿色技术、措施的最终实施质量，更无法将绿色建筑对环境、社会、经济方面影响力完全发挥出来。

（三）绿色建筑标识评价层面

由于能源资源分布不均，经济发展速度差异，社会文化背景不同等复杂现状，我国绿色建筑评价不可避免地存在一些问题。

一是设计标识认证远高于评价标识认证。当前我国申请绿色建筑标识项目总量中，获得设计标识的项目数量远大于运行标识，截至 2015 年 12 月 31 日我国申请绿色建筑项目中设计标识占 94.9%[①]；

二是重视技术设计选取，忽视实际运行效果[②]。很多已获得设计标识的项目后期运行效果仍有待提高。如透水地面、垂直绿化养管不利，建设项目的空调系统安装了水泵变频装置、分户计量设施，在实际运行中并没有启用等。从长期效果来看，绿色建筑评价应增加运行标识认证以确保绿色建筑技术和措施的贯彻；

三是标识项目地点集中。由我国已获得标识的项目区域进行分析可得：绿色建筑标识分布较广，包括直辖市、省级行政区，以及各级区县均有覆盖。但仍以中东部沿海城市为主力支撑点，进而向南北延伸的沿海地区和向西延伸的长江流域两个带状区域。

---

① 中国城市科学研究会主编：《中国城市科学研究系列报告：中国绿色建筑（2016）》，北京：中国建筑工业出版社，2016 年 3 月出版，第 5 页。
② 支家强、赵靖、辛亚娟：《国内外绿色建筑评价体系及其理论分析》，《城市环境与城市生态》2010 年 2 期，第 43—47 页。

图4 中国绿色建筑的发展及中新天津生态城的探索

（四）绿色建筑技术选取层面

在建筑设计和施工阶段对绿色技术、措施的选取一直存在某些误区，一些地方政府和开发商过度迷信国外经验，不经筛选地全盘引入国内。曾出现过北欧的设计师将适合其国家气候的绿色措施应用于我国中南部地区，导致该建筑在夏季必须使用大量电力用于室内空调制冷，绿色程度甚至远低于当地普通建筑。

此外对高成本技术、材料的选用也存在诸多问题。如真空垃圾管道、可调节外遮阳系统、雨水收集系统等，前期投入大量资金、人力物力，后期却因运行成本费用过高、管理不善等等一系列原因导致设施停用搁置，带来极大的浪费，成为完全不必要的增量成本。

（五）绿色建筑管理监控层面

虽然国家和地方对绿色建筑的重视程度不断提高，但由于绿色建筑在我国起步较晚，缺乏实践和管理经验，相关配套产业发展不健全，因此地方在推进绿色建筑建设的同时，仍然存在如下问题：

一是管理主体不明确。目前，我国大多数省市是由建委作为绿色建筑的主管部门，负责制定绿色建筑发展计划，编制地方技术标准，开展评价，并负责施工图审查和招投标、施工、竣工验收阶段的管理。但由于绿色建筑的策划和立项阶段由发改委负责，土地出让阶段由国土局负责，规划设计阶段由规划局负责，销售和准入阶段由房管局负责，"多头管理"的情况导致绿色建筑在实施的过程中缺乏连贯性。

二是管理流程不完善。绿色建筑在我国是以自愿评价的方式进行推广，因此对绿色建筑的管理，仅限于专业评价机构在设计完成和投入使用一年以后所进行的两次技术评价。这种评价方式并没有将绿色建筑的管理与规划建设领域的行政许可审批相结合，很难真正将绿色建筑的各项要求落实到位。

三是技术产品支持能力不足。绿色建筑的核心目标，就是在减少能源资源消耗的前提下，为建筑使用者创造更舒适的使用环境，并减少对周边环境的负面影响。为实现这一目标，需要节能、节水、节材、运营管理等多个领域的技术和产品作为技术支撑。然而，我国绿色建筑的相关配套产业的发展情况，并没有与技术、产品的需求相匹配，甚至严重滞后于需求。

以上是目前我国绿色建筑管理方面普遍存在的一些主要问题。为了克服上述问题，实现绿色建筑更好、更快的发展，需要探索建立一套与我国城市建设实际情况相适应的绿色建筑管理体系。

三、中新天津生态城绿色建筑发展探索与实践

中新天津生态城，地处天津市滨海新区，位于汉沽和塘沽两区之间，距天津中心城区 45 公里，距北京 150 公里，距滨海新区核心区 15 公里（图 2）。四至范围东临滨海新区中央大道，西至蓟运河，南接彩虹大桥，北至津汉快速路（图 3）。生态城原始自然环境较差，区域内三分之一是废弃盐田，三分之一是盐碱荒地，三分之一是有污染的水面（图 4），土地盐碱化程度高，属于水质性缺水地区，选址不占用耕地。生态城规划面积 30 平方公里（图 5），规划总人口 35 万，计划 10—15 年时间建成。从 2008 年落户天津滨海新区以来起步区，8 平方公里已经基本建成。生态城在没有成熟经验可循的前提下，经过自身的探索和实践，初步摸索出一套绿色建筑规划、建设和管理的模式。

（一）制定绿色建筑法规和相关政策

1. 制定生态城市指标体系

现代管理学之父彼得·费迪南德·杜拉克（Peter Ferdinand Drucker）曾经说过："只有可度量，才能可操作"（What Gets Measured Gets Managed）。生态城在 2008 年建设之初结合选址区域的实际情况，围绕生态环境健康、社会和谐进步、经济蓬勃高效和区域协调融合四个方面，确定了 22 项控制性指标和 4 项引导性指标（图 5）（表 1）。其中就包括绿色建筑比例为 100% 的控制性指标，这就意味着在当时全国绿色建筑比例不足 1%，中国绿色建筑理论、实践经验都很匮乏的背景下，生态城在建设伊始就要立即按照绿色建筑标准进行项目建设。区域内已建和在建的 650 万平方米建筑，全部通过了绿色建筑评价。其中 35 个项目获得了国家三星级绿色建筑设计标识证书，建筑面积达到 260

万平方米。

2. 颁布绿色建筑管理规定

为规范生态城绿色建筑管理工作，引导绿色建筑健康发展，实现生态城总体规划和指标体系关于绿色建筑的目标，生态城在 2011 年颁布了《中新天津生态城绿色建筑管理暂行规定》。该规定明确了绿色建筑从规划设计、施工到运营管理各阶段的工作内容，界定了绿色建筑实施过程中各方主体的责任。该规定的颁布与实施，从法律法规层面对生态城绿色建筑的实施提供了保障和推动作用。

3. 制定绿色建筑专项资金管理办法

为鼓励建设单位建设高等级的绿色建筑，生态城设立了专项资金，并制定相应资金管理办法。其中规定生态城绿色建筑专项资金主要用于绿色建筑的资金补贴、政策标准编制、学习培训、交流展示等。并确定生态城资金补贴方式，分别为绿色建筑奖励资金和绿色建筑维护基金。绿色建筑奖励资金兑付给建设单位，用于补贴建设单位建设绿色建筑所产生的增量成本。绿色建筑维护基金补贴给商业性住宅项目的业主委员会，用于与绿色建筑相关的设施、设备的维修、改造和更换。这种补贴方式不仅使居民（购房者）得益，还有利于提高公众对绿色建筑的认可程度。

4. 转化政策扶持资金支持为生产力

为了更有力的推动绿色建筑实践，生态城积极申请国家、地方的各类绿色建筑专项资金。生态城在 2012 年底获得国家财政部、住建部批准，获得国家5000 万元的专项补贴资金，用于绿色建筑奖励和能力建设。此后生态城于2014 年申请成为国家绿色建筑推广示范基地。

在可再生能源利用方面，生态城在 2012 年申请成为国家可再生能源建筑应用示范城市，获得了国家 5000 万元的专项补贴资金，用于补贴生态城内 34个绿色建筑项目的太阳能热水、地源热泵的建设和运营成本。生态城积极申报国家金太阳工程，10MW 的光伏发电项目获得了建设成本补贴，并实现上网售电。另外，生态城还申报成为国家智能电网试点城市，既有利于提高生态城供电保障，为可再生能源发电上网提供技术支持，还可以使生态城居民充分享受到智能电网技术给生活带来的舒适和便利。

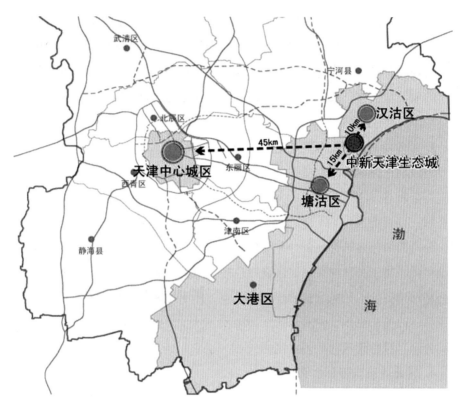

图 2　中新天津生态城区位图

资料来源：作者自绘。

图 4 中国绿色建筑的发展及中新天津生态城的探索

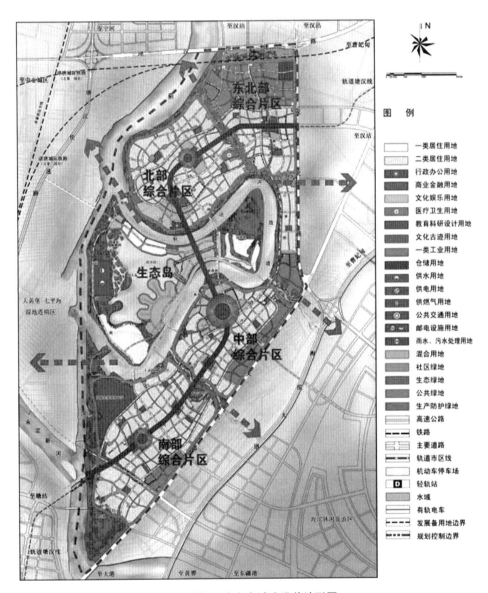

图 3 中新天津生态城建设前地形图

资料来源：中新天津生态城管委会绘制。

区域原貌
Land Conditions

三分之一是废弃的盐田，三分之一是盐碱荒地，三分之一是有污染的水面，淡水缺乏，土地盐化，没有耕地。

Deserted salt pans, saline-alkaline non-arable land and polluted water bodies each takes up one-third of the land in the Eco-city. The Eco-city is short of clean water supply and occupies no arable land.

废弃盐田 Deserted salt farm　　　　　　　　　　　　（摄于2007年10月）

盐碱荒地 Saline-alkaline non-arable land　　　　　　（摄于2008年2月）

水体污染 Polluted water bodies　　　　　　　　　　（摄于2008年5月）

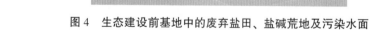

图4　生态建设前基地中的废弃盐田、盐碱荒地及污染水面
资料来源：中新天津生态城管委会。

图 5　中新天津生态城总体规划图

资料来源：中新天津生态城管委会。

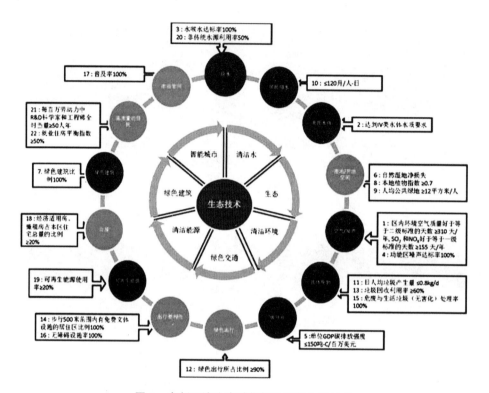

图6 中新天津生态城指标体系与生态技术

资料来源：中新天津生态城管委会。

表 1　天津中新生态城指标体系表

控制性指标				
目标层	准则层	序号	指标项	指标值
生态环境健康	自然环境良好	A1	区内环境空气质量	好于等于二级标准的天数 ≥310 天/年（相当于全年的 85%）
				SO_2 和 NO_x 达到一级标准的天数 ≥155 天/年（相当于达到二级标准天数的 50%）
				达到《环境空气质量标准》（GB3095-1996）
		A2	区内地表水环境质量	达到《地表水环境质量标准》（GB3838-2002）现行标准 IV 类水体水质要求
		A3	水喉水达标率	100%
		A4	功能区噪声达标率	100%
		A5	单位 GDP 碳排放强度	150 吨-C/百万美元
		A6	自然湿地净损失	0
	人工环境协调	A7	绿色建筑比例	100%
		A8	本地植物指数	≥0.7
		A9	人均公共绿地	≥12 平方米/人
社会和谐进步	生活模式健康	A10	日人均生活耗水量	≤120 升/人·日
		A11	日人均垃圾产生量	≤0.8 千克/人·日
		A12	绿色出行所占比例	≥30%（2013 年前）
				≥90%（2020 年）
	基础设施完善	A13	垃圾回收利用率	≥60%
		A14	步行 500 米范围内有免费文体设施的居住区比例	100%
		A15	危废与生活垃圾（无害化）处理率	100%
		A16	无障碍设施率	100%
		A17	市政管网普及率	100%
	管理机制健全	A18	经济适用房、廉租房占本区住宅总量的比例	≥20%

续表

经济蓬勃高效	经济发展持续	A19	可再生能源使用率	≥20%
		A20	非传统水资源利用率	≥50%
	科技创新活跃	A21	每万劳动力中 R&D 科学家和工程师全时当量	≥50 人年
	就业综合平衡	A22	就业住房平衡指数	≥50%

引导性指标

目标层	准则层	序号	指标项	指标描述
区域协调融合	自然生态协调	A23	生态安全健康 绿色消费 低碳运行	考虑区域环境承载力，并从资源、能源的合理利用角度出发，保持区域生态一体化格局，强化生态安全，建立健全区域生态保障体系。
	区域政策协调	A24	创新政策先行 联合治污政策到位	积极参与并推动区域合作，贯彻公共服务均等化原则；实行分类管理的区域政策，保障区域政策的协调一致。建立区域性政策制度，保证周边区域的环境改善。
	社会文化协调	A25	河口文化特征突出	城市规划和建筑设计延续历史，传承文化，突出特色，保护民族、文化遗产和风景名胜资源；安全生产和社会治安均有保障。
	区域经济协调	A26	循环产业互补	健全市场机制，打破行政区划的局限，带动周边地区合理发展，促进区域职能分工合理、市场有序，经济发展水平相对均衡，职住比平衡。

（二）编制绿色建筑技术标准

1. 编制覆盖绿色建筑实施全过程的标准规范

从 2009 年到 2010 年间，生态城陆续制定并发布《中新天津生态城绿色建筑评价标准》（J11468-2009）、《中新天津生态城绿色建筑设计标准》（J11548-2010）和《中新天津生态城绿色施工技术管理规程》（J11645-2010）。其中，《评价标准》在国家标准的基础上进行了优化设计，分为公建和住宅两种类型，条文分类与国家标准保持一致，但提高了节能和节水部分的权重，两部分分数占总分值的一半。在条文设置上增加了屋顶绿化、节能电器、施工用水、冷却水处理、能源计量、室内空气质量等内容，并对本地植物、能量回收、非传统水源利用、土建装修一体化、垃圾分类处理等内容提高了要求。同时，为了加强绿色建筑运行阶段的管理，生态城正在组织制定《中新天津生态城绿色建筑运营导则》。届时，生态城将形成覆盖绿色建筑实施全过程的标准规范体系。

2. 编制绿色建筑技术应用导则

为了进一步加强绿色建筑节能、节水方面的管理，提高相应各项技术措施的使用效率和实施效果，生态城有针对性的制定了一系列绿色建筑技术应用导则。以太阳能利用为例，规定住宅项目必须强制设置太阳能热水系统，系统覆盖率到达到 100%，热水量占项目总热水量的 60%。

通过对生态城内建成的 15 个住宅小区和 18 个公建项目进行调研和监测发现，生态城内实施的太阳能热水系统，在设计、采购、施工、运行等阶段还存在一些问题，如热水温度不高、建筑一体化程度不高、使用热水前需要放出大量冷水、系统未设置有效的防冻防过热措施、集中——分散系统存在倒热现象等。针对上述问题，生态城制定了《太阳能热水建筑应用管理办法》《太阳能热水系统建筑一体化设计导则》和《太阳能热水一体化安装图集》等标准，用以规范太阳能热水系统实施的各个环节，提高系统运行效率。

（三）绿色建筑技术措施因地制宜

生态城优先发展被动式节能，结合选取其他绿色建筑技术。生态城内的建筑设计，从被动式设计开始，力求以最低成本达到最佳节能效果。如根据天津日照情况，住宅朝向设计均在南偏西30°-南偏东30°以内，以获得更多的冬季太阳辐射，减少热负荷。减小建筑形体系数，提高围护节能保温性能，合理确定窗墙比，降低冬季采暖能耗，住宅项目节能70%，公建节能60%。大面积采用透水地面，将雨水渗入地下，减少降碱成本。大量选取因地制宜的节能技术措施，使建筑成为真正节能、低碳、低消费的绿色建筑。

（四）建立绿色建筑管理流程

1. 加强绿色建筑设计和建设管理

为了加强绿色建筑的管理，生态城将绿色建筑的管理与政府规划建设主管部门的管理相结合。生态城在《城乡规划法》规定的选址意见书、建设用地规划许可证、建设工程规划许可证（简称"一书两证"）的基础上，在不增加审批流程的前提下，加入绿色建筑管理内容。

2. 建立第三方评价机制

为了科学地进行绿色建筑评价，生态城创新建立了第三方评价机制。生态城建设管理中心与四家国内知名绿色建筑科研院所联合组建了天津生态城绿色建筑研究院（以下简称绿建院）。绿建院负责生态城范围内绿色建筑的技术评价，在建筑方案、施工图和验收三个阶段对绿色建筑进行审查，并出具绿色建筑评价报告。生态城规划建设主管部门将绿建院出具的评价报告作为行政许可审批流程的前置要件。

另外，为了解决我国目前存在的绿色建筑多头管理的情况，生态城通过绿建院进行的绿色建筑评价，将建筑能效测评、可再生能源示范城市项目验收、节能工程验收、绿色建筑标识申报等四项工作内容进行整合，达到"四合一"的目的（图7）。[1]

---

① 孙晓峰：《基于城市背景的绿色建筑发展理念研究》，《生态城市与绿色建筑》2011年第4期，第44—49页。

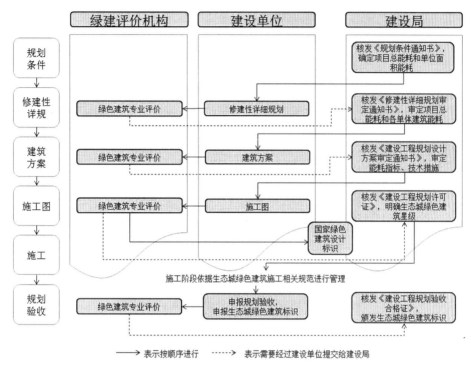

图 7　生态城绿色建筑管理流程示意图

资料来源：中新天津生态城管委会。

3. 做好绿色建筑标识管理

生态城绿色建筑分为白金奖、金奖和银奖三个等级，白金奖为最高等级。生态城规划建设主管部门根据绿建院对项目验收的评价及分数，判定该项目的绿色建筑等级并发放标识。生态城绿色建筑标识之所以在验收阶段发放，是因为验收阶段绿色建筑的硬件设施已经实施完毕，此时已经能够判断该项目是否是按照设计图纸实施，以及是否满足规划条件的要求。这种在验收阶段进行评价的方式，参考了工业产品出厂检验的方法，将绿色建筑作为一项特殊的工业产品来看待，可以避免由于建筑运行阶段的管理水平、使用者行为模式不同影响对建筑本身的客观评价。而绿色建筑在运行阶段的表现，则是通过运营阶段的管理和能源资源价格杠杆来进行管理。

4. 加强绿色建筑运营管理

为了加强绿色建筑运营阶段的管理，生态城正在制定《中新天津生态城绿色建筑运营导则》。该导则的管理对象是建筑权属单位和物业公司。其中将明确如何建立绿色建筑的各项运营管理制度,以及建筑、水、暖、电、材料、环境、安全等各专业的运营优化技术措施。

同时,生态城正在搭建绿色建筑能源管理平台,对区域内绿色建筑的能源、水资源消耗情况进行监测和统计。其中,公建项目的能耗按照《国家机关办公建筑和大型公共建筑能耗监测系统项能耗数据采集技术导则》确定的四项用电(插座用电、空调用电、动力用电和特殊用电)进行分项计量和监测。

另外,为了鼓励绿色建筑项目的物业公司和使用者节约能源和水资源,生态城正在研究制定阶梯电价和阶梯水价,对超出基准指标的过渡消费部分提高收费标准,利用市场杠杆促进能源、水资源节约。

(五)建立绿色建筑技术、材料、产品准入制度

依据国家《绿色建筑行动方案》要求,生态城组织制定《中新天津生态城建筑工程材料使用导向目录》,要求建设单位、设计单位、施工单位应参照该目录进行建筑工程材料的选用。经过测算,生态城每年新增绿色建筑约200万平方米,年投资额200亿元,其中建筑工程材料的采购额约为30—40亿元。若考虑到通过绿色建筑示范应用所产生的衍射效应,所带来的绿色建材市场容量可达到60—80亿元。生态城利用自身建设市场作为吸引,发布《中新天津生态城建筑工程材料使用标准》,明确生态城对各类建筑工程材料提出的参数要求,公开征集符合要求的产品。施工单位在进行工程招投标时,若选择使用生态城产品目录中的材料和产品,可以获得相应的技术加分。同时,生态城招商部门利用生态城绿色建筑材料的市场来吸引绿色建筑材料产品供应商在生态城注册,并通过税收返还等激励措施鼓励企业在生态城内建立绿色建材及产品研发实验室,不断提高产品性能,服务生态城绿色建筑建设。

四、结语

20世纪90年代以来,中国经历了史无前例的工业化和城市化建设,在全

球气候变化、城市环境恶化、人体机能弱化的大背景下，发展绿色建筑产业已刻不容缓。中国绿色建筑经过十年的发展已取得了很大成绩，但也存在许多亟须解决的问题，这需要国家和地方的行政主管部门，以及房地产开发企业、规划建筑设计单位、第三方评价机构、高校研究团队、绿色建筑使用者等各种市场主体协同发展，充分发挥各自作用，增强社会责任感，为我国建筑事业的"绿色"发展做出积极贡献。

清洁供热篇

"煤改气"采暖供热模式
在京津冀地区应用现状、问题与对策

姜耀东　宋　梅　郝旭光　朱亚旭①

摘　要:

随着京津冀地区新型城镇化的快速推进,能源消费总量急剧增加。由于该地区的能源结构不合理,煤炭在能源消耗总量中所占比重远高于全国平均水平,加之冬季采暖期较长,以燃煤供暖为主,导致近年来大气污染严重,严重影响了当地居民的生活及北京的城市形象。本文以我国能源结构优化、治理大气污染为背景,首先阐述了推进"煤改气"工程在治理大气污染方面的作用,并分析了"煤改气"工程在北京、天津、河北三地的推进情况以及在大气治污方面取得的成效,然后探讨了"煤改气"在京津冀地区应用过程中出现的天然气供不应求、调峰压力增大、采暖成本增加等问题,最后针对上述问题提出了加强能源贸易与合作、实施天然气调峰价、加大财政补贴力度、实施燃气市场准入制度、加强技术研发等方面的对策建议,为深

---

① 姜耀东(1958—),中国矿业大学(北京)副校长、教授、博士生导师。宋梅(1970—),中国矿业大学(北京)教授、博士生导师。郝旭光、朱亚旭,中国矿业大学(北京)管理科学与工程研究生。

入推进"煤改气"工程，促进节能减排，治理大气污染提供借鉴。

关键词：

京津冀　煤改气　采暖模式　问题与对策

一、引言

我国煤炭资源丰富，天然气资源相对匮乏，煤炭一直在我国能源消费中扮演重要的角色[①]。基于这个原因，京津冀地区在快速发展的过程中，消耗了大量的煤炭。京津冀地区冬季天气寒冷，建筑物需借助外部供暖才能为居民提供一个适宜的生存环境。长久以来，京津冀地区冬季以燃煤供暖为主，但煤炭燃烧会释放大量的 SO_2、NO_x 及粉尘颗粒等污染物，严重污染了当地的大气环境。2013 年，我国遭遇了前所未有的严重雾霾天气，20 多个省份受到波及，雾霾所到之处学校停课、飞机停飞、高速封闭，严重影响了人们的正常生产与生活。京津冀地区的空气污染情况则更加严峻，冬季采暖期，煤炭消耗量迅速增加，包括 PM2.5 在内的多项空气指标连续多日严重超标。在权威机构公布的全国十大空气污染最严重的城市中，京津冀地区经常占到半数以上，大气污染治理被提到了空前的高度。

为了避免京津冀地区空气质量进一步恶化，我国政府出台了一系列的文件，鼓励增加天然气等清洁高效能源在能源结构中的比重，以限制燃煤的使用量。2013 年 9 月 10 日，国务院印发了《大气污染防治行动计划》，其中第四条第十三项指出，鼓励居民使用清洁能源，煤改气用户可优先获得新增气源。在《大气污染防治行动计划》出台一周之后，环保部与发改委等六部委结合京津冀地区大气污染与能源消费消耗的实情共同发布了《京津冀及周边地区落实大气污染防治行动计划实施细则》[②]（下文称"细则"）。该细则在主要

[①] 张洪涛、舒思齐：《发展清洁能源的若干思考》，《中国国土资源经济》2013 年第 8 期，第 10—18 页。

[②] 丁峰、张阳、李鱼：《京津冀大气污染现状及防治方向探讨》，《环境保护》2014 年第 21 期，第 55—57 页。

任务部分明确提出要加快天然气供热基础设施建设,希望通过清洁能源供热来全面淘汰燃煤小锅炉。细则同时提出,京津冀地区要加快推进清洁高效的供热模式,到 2017 年底,该地区有改造价值的既有建筑完成节能改造的要达到 80%。

为响应国家的号召,京津冀地区各级政府及相关部门积极推广"煤改气"采暖供热模式。经过近几年的努力,"煤改气"采暖供热模式在京津冀地区的推广成效显著。自 2013 以来,北京市不断削减燃煤,大力发展天然气供热项目。截至 2015 年底,北京市清洁能源的使用比例已经提高到 80%,城六区天然气供热基本实现全覆盖①。天津市稳步推进集中供热与清洁能源供热模式,截至 2015 年底,天津市有 310 万户实现集中供热,集中供热面积已经达到 3.73 亿平方米,初步估计天津市的集中供热率已经达到 90% 以上。而且随着"煤改气"工程的推进,全市约有三分之二的供热面积采用天然气供热,中心城区完全实现天然气供热②。河北省的"煤改气"工程也进行得如火如荼,根据河北省城市供热保障工作调度会的指示,河北省所有县城要在 2016 年底实现集中供热或采用天然气这样的清洁能源供热③。对于那些集中供热难覆盖的各设区市主城区以及定州、辛集市建成区,到 2017 年要实现 90% 以上居民采用天然气等清洁能源采暖,燃煤基本退出城市。

21 世纪以来,天然气产业快速发展,"煤改气"成为我国实现节能减排、治理大气污染的必然选择。由于天然气燃烧产生的空气污染物明显低于煤炭,京津冀地区在实施"煤改气"工程后,空气质量得到改善,雾霾天气明显减少。然而,快速推进"煤改气"的过程中也出现了一些问题。比如,"煤改气"的快速推进导致天然气需求量激增,天然气对外依存增加,极端天气供气难以保障;大量推行煤改气,天然气调峰压力增大,考验京津冀地区天然气基础设施;天然气供暖的成本要比燃煤高很多,增加了用户的采暖费用;个别

① "今冬北京全市燃气供热比例由 50% 提高到 80%",2015-11-04。http://energy.cngold.org/c/2015-11-04/c3671765.htm。

② "天津集中供热普及率达 91% 清洁能源占比近 2/3",2015-11-16。http://www.shengyidi.com/news/d-2103681/。

③ "2016 年底河北省所有县城将实现集中供热或清洁能源供热",2016-06-07。http://sanwen8.cn/p/1efVm7T.html。

地区"煤改气"的招标过程中存在低价招标行为；民间资本大量进入燃气市场，民营燃气经营企业规模相对较小，服务质量参差不齐；与"煤改气"相关的法规政策还不太完善，燃气设备的核心技术仍被国外垄断。为此，及时分析"煤改气"在京津冀地区应用中存在的问题，结合各地实际情况，提出切实可行的应对策略，确保"煤改气"工程在京津冀地区健康有序开展。

二、"煤改气"在京津冀地区应用现状

京津冀地区人口稠密，经济社会发展水平高，单位面积能源消耗量比全国平均水平高出数倍。近年来，京津冀地区经济总量持续高速增长，为了满足社会快速发展的各项需要，该地区的能源消耗总量急剧增加[①]。"煤改气"之前，京津冀地区冬季主要依赖燃煤进行供暖，煤炭的燃烧会释放大量的有害气体与颗粒物。在京津冀一体化战略持续推进的过程中，严重的大气污染悄然而至，尤其是冬季采暖期该地区的空气质量令人担忧。天然气与煤炭相比，其碳含量低，更加清洁且燃烧更充分，对空气的不良影响会大幅度减小。基于我国的能源结构和大气污染现状，适时压减燃煤进而增加天然气在能源消耗中的比例成为我国治理大气污染、走可持续发展之路的必然选择。使用天然气逐步取代燃煤满足冬季采暖的需求，对于改善京津冀地区空气质量来说意义重大，近年来该地区积极开展"煤改气"工程并且取得了良好的应用效果。

（一）"煤改气"在北京市应用现状

北京市地理面积为 1.6 万平方公里，常住人口 2170.5 万（2015 年），人口密度与单位面积能源消耗量位居全国前列。近年来北京市经济社会迅猛发展，伴随而来的是巨量的能源消耗。北京统计局发布的数据显示，1996 年北京市能源消耗总量为 35.2 百万吨标准煤，而到 2014 年就已经达到了 76.8 百万吨标准煤，北京市的能源消耗在不到 20 年的时间里就翻了一倍。长期以来，

---

① 丁一文：《增强京津冀能源资源保障的战略思路与路径》，《北方经济》2014 年第 6 期，第 58—59 页。

北京市冬季采暖主要依赖四大燃煤热电厂，由于这些燃煤机组设备陈旧、技术落后，排放的空气污染物要比燃气机组多很多，在很大程度上加剧了北京的雾霾天气。

为了还首都一片蓝天，北京市积极调整能源结构，增大天然气在能源消耗中的比重。北京市四大燃煤热电厂的煤炭消耗占到了全市煤炭消耗总量的五分之二左右，改造四大燃煤热电厂自然就成了"煤改气"的主要任务。北京市根据当地形势有序开展对燃煤电厂的"煤改气"工作并取得了丰硕成果。北京市在2014年率先关停了大唐高井燃煤热电厂，又在2015年相继关停了石景山和国华燃煤热电厂，华能热电厂也将会在近期关停。预计到2017年，北京市将建设四个燃气热电中心，届时北京市的燃煤机组将会全部被关停，四大燃气中心将取代四大燃煤热电厂为全市人民供热，这一重大举措预计每年可以削减燃煤920万吨。除此之外，北京市积极开展燃煤锅炉的改造工作。2014年，北京市通过"煤改气""煤改电"等措施全年压减燃煤260万吨。2015—2016采暖季北京市压减燃煤147万吨，减排1.25万吨SO_2和4300吨NO_x，同时实现了中心城区无燃煤锅炉的目标，预计远郊区县的燃煤炉也会在2020年改造完成。随着"煤改气"工程的深入开展，到2017年煤炭在北京市能源结构中的比例将下降到10%，而天然气的比重则要上升到35%。

随着"煤改气"等一系列削减燃煤措施的实施，北京市空气质量明显改善。截至2016年8月底，北京市包括PM2.5在内的各项空气污染物浓度与上一年相比下降明显，在空气质量达标天数增加的同时，重污染天数持续减少，给人们的直观印象就是北京的天比前几年蓝了，雾霾天出现的次数明显减少了[①]。

(二)"煤改气"在天津市应用现状

天津市地理面积1.2万平方公里，常住人口1546.95万（2015年），人口密度与北京相当，单位面积能源消耗比北京还要高。天津市冬季供暖以燃煤为

---

① "圈里扎堆晒蓝天，北京今年前8个月好天儿多了19天"，2016－09－23，http：//www.wtoutiao.com/p/345ZZgQ.html。

主，煤炭燃烧是天津市颗粒物最主要的成因。天津市环保局通过对颗粒物成因进行分析，得出 66%—78% 的颗粒物是由本地排放的，仅燃煤一项就占到本地排放的 27%。同时燃煤会产生大量的有害气体，颗粒物与有害气体的相互作用让天津成为大气污染的重灾区。

煤炭燃烧产生的大量有害气体及颗粒物是天津市空气污染的主要来源，天津市要想改善空气质量必然要从压减燃煤这一途径着手，"煤改气"对治理天津的大气污染意义重大。根据《天津市 2012—2020 年大气污染治理措施》和《天津环境保护十二五规划》，到 2020 年煤炭在天津市能源消费结构中的比重要降低到 40% 以下，而天然气的比重要提高到 23% 以上[①]。为了压减燃煤，天津市已经关停了曾长时间为市民供暖的天津市第一热电厂，取而代之的是东北郊热电厂。与此同时，陈塘庄热电厂也由中心城区搬到西青区，新建的热电厂将完全采用燃气机组发电供热。该燃气热电厂建成后将成为国内最大的燃气热电厂，预计每年可减少燃煤消耗 233 万吨、100 多吨粉尘、900 多吨 SO_2 和 5000 多吨 NO_x，削减了燃煤也就从源头上控制了大气污染。另外，没有特殊情况天津市将不会再新建燃煤电厂，并且还要对现有的燃煤电厂进行"煤改气"。

随着一系列重大污染源的关停改造，天津市各项空气指标明显改善。2015 年与 2013 相比，天津市空气质量达标天数由 145 天增加到 220 天，仅用两年时间就增加了 75 天，空气质量达标率由 39.7% 上升到 60.3%。与此同时，天津市空气质量综合指数下降了 24.4%，六项主要污染物浓度均有较大幅度下降[②]。

（三）"煤改气"在河北省应用现状

河北省地理面积 18.9 万平方公里，常住人口 7424.92 万（2015 年）。河北省地域相对辽阔，能源结构单一，煤炭消耗占到了能源消耗总量的 80% 以

[①] 王尔德："中央加压京津冀'治霾'天津筹划'控煤'新政"，2013-06-21，http：//finance. ifeng. com/a/20130621/10010661_ 0. sht。

[②] 董立景："2015 年天津空气质量达标 220 天，PM2.5 是主要污染物"，2016-01-20，http：// news. enorth. com. cn/system/2016/01/20/030768。

上。而且河北省产业结构不协调，重工业偏多，存在很多高能耗、高污染的企业。加之，北京一些污染企业的迁入，河北省成了京津冀地区大气污染治理的重中之重。河北省产生的大气污染物，不仅影响当地居民的日常生活和身体健康，还有可能随风飘浮到北京及周边地区。正因如此，河北的"煤改气"备受关注。

河北省"煤改气"工程的开展要比北京、天津地区困难很多。即便如此，河北省各地因地制宜积极实施"煤改气"工程。邢台市实施名为"一城五星"的"煤改气"工程，即"煤改气"由城市核心区逐步向周边县市推广。预计到2016年底，邢台市累计将会有17万户居民完成"煤改气"，每年可减少燃煤消耗量51万吨，减排$SO_2$8100多吨、烟粉尘9100多吨。与此同时，河北邯郸、廊坊等地的"煤改气"也在由市中心往郊区、乡村外扩，天然气的使用范围不断扩大。据《河北省大气污染深入治理三年（2015—2017）行动方案》，河北省要继续加大对大气污染的治理力度，不断提高天然气在能源结构中的比重，到2017年河北省天然气使用量有望达到160亿立方米，农村燃煤清洁利用和替代的比例要突破90%[①]。

与京、津两地相比，河北省的"煤改气"进程相对缓慢，但它对治理大气污染的作用也已开始显现。2016年前8个月河北省空气达标率为60.2%，月平均重污染天数比去年同期减少6天。六项主要大气污染物中，PM2.5和PM10的平均浓度都比2013年同期下降了40多个百分点，包括NO_x和CO在内的其余四项大气污染物的浓度也都有大幅度的下降[②]。

三、"煤改气"在京津冀地区应用中存在的问题

"煤改气"工程作为京津冀地区治理大气污染的重要举措，在改善当地居民生活水平以及大气污染治理方面已经取得很好的效果。不过，近几年随着

---

① "煤改气全面推进，气荒'尴尬'如何避免"，2016-08-23，http：//news. dichan. sina. com. cn/ 2016/08/24/1212520。

② "河北前8个月达标天数同比增加28天 PM2.5平均浓度同比下降19.2%"，2016-09-19，http：//www. qhepb. gov. cn/xwzx/xw/gnxw/201609/t20160。

"煤改气"工程的加速推进，京津冀地区天然气用量持续增加，天然气对外依存度不断增加，调峰压力持续增大，当地的天然气基础设施面临巨大的挑战，而且在用气高峰期甚至可能出现无气可供的尴尬局面①。众所周知，天然气的燃烧要比煤炭清洁很多，但采用天然气采暖的相对成本要比煤炭高很多，加之相关政策法规不健全，待改造企业和用户对"煤改气"存在疑虑。另外，燃气设备核心技术的欠缺，市场监管力度的不足等因素都在一定程度上制约着"煤改气"工程在京津冀地区的快速开展。

（一）天然气对外依存度增加，极端天气供气难保障

21世纪以来，我国出于经济转型、大气治污等多方面的考虑，加快能源结构调整的步伐，天然气的使用量以及在我国能源消费结构中的比重迅速增加。中国石油和化学工业联合会曾对我国天然气发展面临的一些不确定因素进行调查研究，结果表明，我国的天然气消费量由2000年的245亿立方米增加到2013年的1676亿立方米，年均增速16%②。由于天热气消费量的增速明显高于能源消费总量的增速，天然气在我国能源结构中所占的比重不断扩大，所占比重已由2000年的2.2%提高到2013年的5.9%。由于我国富煤少气，天然气产量无法满足快速增加的消费需求，天然气对外依存度由2007年的5.7%迅速增加至2014年的32.2%。北京是"煤改气"工程开展最早、幅度最大的地方，但天然气资源极其匮乏，完全依赖外部输入。随着北京"煤改气"工程的继续推进，到2020年北京市的天然气消耗量将达到240亿立方米，与2012年的92亿立方米相比增加了近150亿立方米，届时天然气在北京能源消费结构中的比重也由14%增加到33%—45%。

天然气对外依存度过大以及供求失衡影响人们的日常生活甚至威胁到了我国的能源安全。如果冬季遇到大范围极端严寒天气，天然气需求要远远大于现有供给能力，很可能会诱发全国性的"气荒"，首都北京的正常供暖也难以得

---

① 肖嵩：《从气荒现象看天然气的市场发展与供气调峰》，《城市燃气》2010年第10期，第31—35页。

② 孙慧、赵忠德、单蕾：《2013年中国天然气行业发展动向及2014年展望》，《国际石油经济》2014年第6期，第51—56页。

图5 "煤改气"采暖供热模式在京津冀地区应用现状、问题与对策

到保证。2004—2005、2009—2010、2012—2013 这三个采暖季，北京就遇到了这样的问题，不得不采取限供措施，影响市民的正常生活[1]。

（二）天然气调峰压力增大，基础设施考验大

目前京津冀地区天然气主要用于满足市民的日常生活，其中冬季采暖占了很大一部分，天然气需求随季节的变化呈现出一定的周期性，不同季节的天然气用量会有较大差异[2]。据估计，到 2020 年京津冀地区天然气需求量将会达到 700 亿立方米左右，季节调峰需求量和高月高日需求量分别为 84 亿立方米和 3.09 亿立方米。如果京津冀地区不实施"煤改气"工程的话，地区需求总量、季节调峰需求量以及高月高日需求量就要小很多，分别为 463 亿立方米、70 亿立方米和 2.32 亿立方米。通过比较可以看出，"煤改气"工程使京津冀地区天然气调峰压力大幅度增加。有数据显示，北京市最大峰谷差已达 10：1，石家庄也达到了 7：1。与天然气调峰需求的快速增加相比，京津冀地区天然气基础设施的发展显得有些滞后。目前该地区调峰主要依赖于天津大港和华北永清这两个地下储气库，但它们的调峰能力太小，根本无法满足大规模"煤改气"的需要[3]。

（三）供暖成本增加，采暖用户有怨言

近年来，京津冀地区严重的雾霾天气有目共睹，"煤改气"工程在很大程度上改善了该地区的空气质量，当地的企业和居民也很支持这项举措。由于热电厂采用天然气供热的燃料费要比使用煤炭高很多，再加上天然气输配设施建设费以及燃气设备的购置费，热电厂的供暖成本必然增加。很多热电厂本身就处于微利或亏损的状态，企业要想生存下去，只能去提高用户的采暖价格。"煤改气"后采暖费用的增加在一定程度上影响了用户的积极性。以北京为例，2012 年北京"煤改气"供热后，供热价格由每平方米 19 元上涨到每平方

---

① 刘虹：《煤改气工程且行且慎重》，《宏观经济研究》2015 年第 4 期，第 9—13 页。
② 关欣、聂海亮、宋立丽：《北京煤改气问题分析》，《区域供热》2015 年第 6 期；第 22—29 页。
③ 孟亚东、孙洪磊：《京津冀地区"煤改气"发展探讨》，《国际石油经济》2014 年第 1 期，第 84—112 页。

米 30 元。保守估算，每个家庭在一个采暖季要多支出千元左右的采暖费，很多用户对此表示不满甚至开始怀疑"煤改气"的公益性。

（四）政府采购有问题，暗箱操作谋私利

随着"煤改气"工程的推进，采暖用户需要重新购置燃气取暖设备，为了鼓励用户使用天然气取代煤炭进行采暖供热，各地政府都会给予一定程度的资金支持。同时政府相关主管部门往往会负责当地燃气设备入围品牌的筛选及集中采购工作，但有些地方政府对该行业不太了解，加之部分政府工作人员利用职务之便谋求私利，政府采购产品的质量很难得到保证。以 2015 年河北省壁挂炉安装项目为例，河北省相关部门启动以每安装一台壁挂炉补贴 3000 元为核心的"煤改气"工程①。该项目对广大用户及壁挂炉生产商来说是一件好事，用户将不再因为替换燃气供暖设备的额外开支而有所顾虑，相关燃气设备生产商也会因此收到大笔订单。但事实证明，该项目的实施效果并不理想。

根据市场情况，一台 20 千瓦的壁挂炉出厂价格在 4000 元左右。而当地主管部门在选择该地区指定壁挂炉品牌时却明确规定竞标价格不能超过 3000 元，导致很多国内外壁挂炉知名企业望而却步，因为他们不想偷工减料损坏品牌形象。相反，一些小型的、新建的、资质不合格的企业纷纷中标，致使相当一部分质量不合格、技术落后的产品安装到用户家中。这些产品往往更容易发生故障，更加费气甚至会发生爆炸。

（五）大量民资涌入燃气市场，服务质量有待提高

伴随着京津冀地区"煤改气"工程的加速推进，大量民间资本涌入燃气市场，这些民营燃气经营企业也希望在这场天然气革命中分得一块蛋糕。毋庸置疑，民营燃气企业为京津冀地区实施"煤改气"以及在治理大气污染方面做出了很大贡献。但是，燃气市场中的民营企业通常规模相对较小，整体服务水平较低，在社会服务过程中存在一些问题。

---

① "河北'煤改气'：变了味儿的惠民工程"，2016-04-11，http：//www.chinaiol.com/heating/q/0411/31166955.html。

民营燃气企业的收入通常包括前期设备安装费和后期出售燃气的销售收入。由于民营企业管理体制不健全且易受天然气价格波动影响，他们很难从销售天然气的过程中获利。于是很多民营企业在给用户安装好燃气设备后，直接将后期燃气经营权转让，这使得后期的燃气供应和设备的定期维护很难得到保证，天然气价格也容易存在争议。另外，国家规定燃气供应企业必须全天候有人值班，配备专门的抢修人员来应对突发事件。一些规模较小的民营燃气企业，往往一个人负责好几项工作，很难抽出人手应对突发事件。另外，部分民营燃气经营企业的员工没有接受专业的技能培训，专业技术水平差，法律意识淡薄，甚至有时为了降低成本而偷工减料。

（六）法规政策需完善，核心技术待突破

与发达国家相比，我国相关法规政策还不完善，核心技术受制于人，利用天然气大面积进行采暖供热还有很长的路要走。采用天然气无论是发电还是供热，其成本都要比燃煤高很多。目前来说，与"煤改气"相关的财政、价格等方面的政策还不完善。很多"煤改气"项目处于微利甚至亏损的状态，这使很多燃煤企业对"煤改气"持观望态度。另外，天然气冷热电三联供系统能源利用效率极高，对我国节能减排、治理大气污染意义重大。但我国《电力法》规定，一个供电营业区只能有一个供电营业机构，这使得天然气冷热电三联供产生的电能上网受到极大的限制，不利于"煤改气"工程的深入开展。另外，我国的燃气机组生产、控制技术与国外相比存在较大差距，虽然我国企业一直在与美国通用电气公司等国际知名企业合作，但国内企业并没有取得燃气轮机的热部件生产和联合循环控制技术，目前大面积推广燃气机组存在较大困难①。

四、"煤改气"在京津冀地区应用问题的对策

天然气作为一种清洁能源，其主要成分是甲烷，充分燃烧后对空气产生的

---

① 褚永兵：《天然气项目管理分析》，《现代商贸工业》2012年第20期，第48页。

污染极小①。而且采用燃气锅炉后，能够减少原煤和废渣搬运的人工费，设备操作的自动化水平更高，日常维护成本更低。尽管京津冀地区在"煤改气"过程中还有很多问题亟待解决，但"煤改气"工程对于治理大气污染来说意义重大，既符合"保护环境"的基本国策，又是走可持续发展之路的必然选择。

（一）构建多元能源结构，加强能源贸易与合作

为了确保北京地区人民的正常生活及能源安全，首先北京应建立多元化的能源结构，做到传统化石能源与清洁新能源的合理布局。在压减燃煤增加天然气使用量的同时，还要不断加强对太阳能、地热能的开发力度。另外，北京市要在能源贸易方面与周边地区加强合作，既要加强与内蒙古、山西等周边产气省份的合作，又要与俄罗斯这样的产气大国合作，做到多气源供气，确保极端天气及突发事件下北京地区有气可供。最后，通过"煤制气"将北京周边丰富的煤炭资源转化成天然气，源源不断地输送到北京地区。

（二）加强基础设施建设，实施天然气调峰价

缓解天然气调峰压力有以下两种方法可以采用。第一，加大对天然气储存库、天然气调峰站建设的投资。天然气储备库可以将夏季用不完的天然气液化储存起来，到冬季集中采暖期可以通过调峰站投入市场。第二，实施天然气调峰价格。用气高峰期适当提高天然气价格，抑制过剩需求。

（三）加大财政补贴力度，惠及供暖企业和用户

"煤改气"是一项惠民工程，增加天然气等清洁能源的使用比重对缓解京津冀地区的雾霾天气意义重大。一方面，为提高供暖企业"煤改气"的积极性，考虑供热公司的经营现状，政府可以给予财政补贴和税收优惠政策②。另

---

① "杭州华电半山天然气热电联产项目竣工验收公示"，2014－07－22，http：//www.gzcy.org/？a=info&c=index&id=29040&m=hom。

② 王国庆：《大气污染防治新政对石油石化企业的影响》，《当代石油石化》2013 年第 11 期，第12—15 页。

一方面，为避免采暖费用增幅过大，当地政府应加大财政补贴力度，提高对"煤改气"用户的补贴标准，将采暖支出控制在居民能够承受的范围之内。

（四）规范政府采购行为，及时采取补救措施

为了避免采购乱象的出现，上级主管部门应严查"煤改气"过程中采暖设备招投标存在的问题，对于发现的不法行为应通报批评，严肃处理。对于已经安装到用户家中的低价中标采暖设备，为了避免发生质量与安全事故，政府部门应采取补救措施，建立产品的终身责任制，责令生产商定期对安装在用户家中的该品牌产品进行检查。另外，应提高采暖设备公司入围门槛，从源头上避免不合格产品流入市场。"煤改气"工程本身就是为了使用清洁能源促进节能减排，但是一旦引入技术落后的燃气取暖设备，其节能减排效果就很难显现出来，所以引进的设备要有一定的技术前瞻性。

（五）实行燃气市场准入制度，民企亦应自律自强

为了提高民营燃气企业的实力与服务质量，政府及相关部门应严格把关进入燃气市场民营企业的实力。只有取得《燃气经营许可证》的民营企业才能从事天然气生产经营活动，而且政府还要对这些企业的项目与服务质量进行定期检查[①]。民营企业自身要增强法律意识，严格遵守国家有关规定以及省市行业主管部门的相关规定，同时还要加强自身管理，定期对员工进行专业技能培训，通过扩展业务范围来增加收入，而非偷工减料。只有这样，民营燃气经营企业才能更好地为"煤改气"这一惠民工程服务，才能在激烈的市场竞争中不断做强。

（六）完善法律政策，加强技术研发

完善相关法律法规，给天然气冷热电联产分布式能源发展的空间。对于燃气轮机核心技术被国外垄断的问题，可以从两方面着手加以解决。一方面，加强同国外掌握核心技术的燃气轮机生产厂家合作，积极引进他们生产的先进设

---

① 宗亚平：《城市燃气的安全管理》，《中小企业管理与科技》2012 年第 11 期，第 47—48 页。

备。另一方面，在向国外学习的基础上，加大研发资金和科研人员的投入，以求早日在这些核心问题上实现突破。

五、结论

京津冀是我国空气污染最严重的地区之一，调整能源结构，压减煤炭消费量，加大清洁能源使用比例迫在眉睫。"煤改气"采暖供热模式能够在冬季替代燃煤供人们采暖，而且绿色环保，能够极大减少燃煤释放的有害气体与固体颗粒物，对当地的大气治污意义重大。尽管"煤改气"工程在实施过程中出现了一些问题，但并不能阻挡"煤改气"的步伐。为此，政府应因地制宜理性推广，加强财政补贴与基础设施建设的力度；高等院校与科研机构要加快技术创新，努力攻克技术性难题；企业应严格自律，提高技术水平，确保产品与服务的质量；用户应该积极响应国家的号召，在补贴力度逐步加大的情况下，可优先考虑应用"煤改气"供热模式。在各方的共同努力下，"煤改气"清洁供热模式必将会在京津冀地区得到广泛应用。

B **6**

煤矿余热利用取代燃煤小锅炉可行性研究

吴晓华　谭　杰　朱建荣　颜丙磊　吕佳霖①

摘　要：

　　在国家推进煤炭清洁高效利用的大背景下，充分利用煤矿特色余热资源——矿井水余热和矿井乏风余热实现矿区全部或部分供热供暖，对于煤矿整治燃煤小锅炉、实现绿色发展、产业升级和转型发展具有非常重要的现实意义。本文基于对宏观发展环境、煤矿余热利用取代燃煤小锅炉的技术可行性、环境效益、经济效益分析，认为：1.在余热资源条件允许的条件下，煤矿更倾向于选择采用余热利用技术取代燃煤小锅炉；2.相对而言，矿井水余热利用技术成熟是煤矿余热利用的首选技术，矿井乏风余热利用将是未来煤矿余热利用研发重点；3.当前煤矿矿井水余热/矿井乏风余热利用取代燃煤小锅炉具有明显的环境效益；4.煤矿余热利用取代燃煤小锅炉的经济性主要体现在节支方面，当煤价处于合理价格区间，煤矿矿井水余热/矿井乏风余热利用取代燃煤小锅炉具有经济可行性。

---

　　① 吴晓华，生于1981年，博士后，高级工程师，中国煤炭加工利用协会办公室副主任，致力于煤炭清洁高效利用、节能环保、煤矿碳减排等方面的政策研究。谭杰，中国煤炭加工利用协会节能环保部主任，高级工程师。朱建荣，中国煤炭加工利用协会节能环保部，高级工程师。颜丙磊，中国煤炭加工利用协会节能环保部，工程师。吕佳霖，中国煤炭加工利用协会节能环保部。

关键词：

　　煤矿余热利用　水源热泵　风源热泵　取代燃煤小锅炉

　　在国民经济进入"新常态"、政府推进能源革命和供给侧结构性改革的发展背景下，推进煤炭清洁高效利用，与发展清洁能源并重，成为我国多元化能源体系建设的重要组成部分。作为煤炭产品的生产者，煤矿落实煤炭清洁高效利用行动计划一方面需做好煤炭的安全生产、高效生产、清洁生产、低碳生产，另一方面就是做好自用煤的清洁高效利用。煤矿自用煤大部分用于矿区的供热供暖。同时，受需求量限制，煤矿的供热供暖锅炉多为小吨位燃煤锅炉。而依据《大气污染防治行动计划》《工业领域煤炭清洁高效利用行动计划》《煤炭清洁高效利用行动计划（2015—2020）》等文件精神，"到2017年，除必要保留的以外，地级及以上城市建成区基本淘汰每小时10蒸吨及以下的燃煤锅炉，禁止新建每小时20蒸吨以下的燃煤锅炉；其他地区原则上不再新建每小时10蒸吨以下的燃煤锅炉。在供热供气管网不能覆盖的地区，改用电、新能源或洁净煤，推广应用高效节能环保型锅炉。"全面整治燃煤小锅炉是我国大气污染防治、煤炭清洁高效利用的重要措施。与此同时，伴随着煤炭生产过程，煤矿还存在矿井水余热、矿井回风余热等多种余热资源。采用热泵技术，充分利用煤矿余热资源部分甚至全部取代矿区燃煤小锅炉是煤矿实现煤炭清洁高效利用的明智之举，也是煤矿实现"采煤不烧煤"、谋求绿色低碳转型升级的主要方向。为在煤炭行业"四期并存"、煤炭企业经营困顿的时期，切实推进煤矿余热利用取代燃煤小锅炉工作，本文在对煤矿发展环境宏观分析的基础上，从技术、经济、环保等方面研究了我国煤矿余热利用取代燃煤小锅炉的可行性。

一、煤矿余热利用取代燃煤小锅炉策略研究

　　基于对政策文件、科研论文等文献资料、调研问卷、相关数据的收集、整理、汇总，建立我国煤矿余热利用取代燃煤小锅炉 SWOT-PEST 分析矩阵，详

图 6   煤矿余热利用取代燃煤小锅炉可行性研究

见表 1。在政策环境、经济环境、社会环境、技术环境有机构成的发展环境下，以煤企利益最大化为目标，围绕余热利用取代燃煤小锅炉问题，煤企的策略综合分析表如表 2。

（1）SO 策略。国家推进生态文明建设，倡导绿色发展、循环发展、低碳发展，鼓励地热等清洁能源替代，环保约束强化。国民经济呈现"新常态"，市场化改革进一步深入，融资方式灵活。人们环保意识日渐强烈，节能环保成为社会共识，同时煤矿以节能环保为企业核心价值观之一，余热利用取代燃煤锅炉生态环保效益明显、社会效益明显。国家鼓励技术创新、科技成果转化的大背景下，热泵技术已经成熟而且在其他行业应用普遍。同时，煤炭企业积极响应国家政策，节能环保意识高涨。企业节能环保投资积极，煤矿余热利用示范项目运行稳定、可靠性得到验证，余热利用取代燃煤小锅炉节支效益明显。在政策、经济、资源、技术环境一致利好的情况下，煤矿余热利用取代燃煤小锅炉符合国家大政方针，成为煤矿推进生态文明建设、转型升级的重要抓手，煤炭企业必将在矿区推进余热利用取代燃煤小锅炉工作。

（2）WO 策略。虽然面对国有煤炭企业管理机制不完善、民营煤企重经济轻环保，余热利用应急机制不完备等不利条件，面临煤炭经济运行形势不容乐观，化解过剩产能、扭亏脱困还是煤企首要任务，余热利用取代燃煤小锅炉初期投资较大，煤矿余热资源分布不均，部分取热系统技术不够成熟，特别是乏风取热技术及设备并未实现产业化，专业人才缺乏等，但是在国家推行能源供给侧结构性改革，推动煤炭清洁高效利用，环保约束强化，鼓励创新的大背景下，谋求绿色发展、循环发展、低碳发展要求煤炭企业充分发挥积极性和主动性，一方面充分利用现有扶持与奖励政策，积极反映企业诉求争取政府支持；另一方面，充分认识余热利用取代燃煤小锅炉对于煤矿节能降耗、转型升级的重要性，加强技术研发与示范，抢占余热利用技术制高点，充分用好企业科技创新基金，拓宽融资渠道，逐步实现矿区余热资源的充分利用，进而取代燃煤小锅炉。

（3）ST 策略。尽管当前国家相关政策实施细则欠缺，鼓励政策不足，余热利用改造初期投入高，煤价较低情况下，投资回收期延长，集中供热、生物质燃料等替代作用明显，部分技术不成熟，但是煤炭企业节能环保意识高涨，节能环保工作基础扎实，转型升级需求迫切，节能环保投资积极性较高，况且余热利用取代燃煤小锅炉可实现节支增效，大部分余热利用技术、示范项目稳定运行等利好消息的鼓励下，大部分煤炭企业会立足本土余热资源，理性分析并充分利用资源优势，发展余热利用实现矿区燃煤锅炉的部分或全部取代。

（4）WT策略。面对国家政策不完善，鼓励政策不足，煤炭行业长期处于产能过剩局面，加之各矿余热资源量、稳定性等参差不齐，余热利用部分技术不成熟等诸多不利条件下，煤企只能将矿井水、矿井乏风余热利用技术作为一项创新技术来研发，煤矿余热利用取代燃煤小锅炉项目仍将停留在示范阶段，不会大面积推广。

综合上述，面临当前政治、经济、社会、技术的复杂发展环境下，煤炭企业谋求可持续发展而采取余热利用取代燃煤小锅炉的几率为65.625%，即若条件成熟，煤企仍然会倾向于采用余热利用取代燃煤小锅炉的策略。

表1　我国煤矿余热利用取代燃煤小锅炉SWOT-PEST分析矩阵

		政策 （Policy）	经济 （Economic）	社会 （Social）	技术 （Technology）
内部因素	优势 （Strengths）	1）煤企节能环保意识日渐强烈，水平日渐提高；2）煤企重视节能环保工作，成效显著；3）规划先行，推进余热利用取代燃煤小锅炉	1）煤炭企业确保节能环保投入；2）充分利用余热资源取代燃煤锅炉降本增效；3）作为新的经济增长点，市场需求大，具有良好前景	1）煤企核心价值观的培养；2）取代后社会效益、环境效益显著；3）余热资源种类多且总量丰富	1）部分技术工艺成熟；2）运行稳定，技术可靠性能高

图6 煤矿余热利用取代燃煤小锅炉可行性研究

		政策 （Policy）	经济 （Economic）	社会 （Social）	技术 （Technology）
内部因素	劣势 （Weaknesses）	1）煤炭企业管理机制问题； 2）应急机制有待进一步完善	1）面临运行困境，煤企投资意愿不强； 2）对供热供暖源彻底改造，一次性投入大	1）余热资源分布不均、缺乏稳定性； 2）燃煤小锅炉取代与矿区基础设施的空间布局有很强关联性； 3）专业人才队伍建设不足	1）煤矿地源热泵等余热利用技术缺乏； 2）处于工业化推广初级阶段，相关技术的可行性、普适性等有待考证，技术上升空间较大
外部因素	机遇 （Opportunities）	1）国家推进生态文明建设； 2）大气污染防治迫切要求； 3）国家实施煤炭清洁高效利用战略； 4）新环保法颁布并实施，环保政策约束强化。	1）国民经济进入新常态； 2）市场化； 3）融资途径多样； 4）政府将加大对该类项目的投资力度	1）人们对生态环境改善需求强烈； 2）作为资源高效利用、节能减排的重点方面，得到社会各界的支持	1）国家鼓励余热资源利用技术、工艺、设备的创新； 2）国家鼓励相关科技成果转让，利用其进一步推广
	挑战 （Threats）	1）部分文件具体实施细则缺失，缺乏明确的时间表和路线图，可操作性不强； 2）鼓励政策不足； 3）配套体系不完善（标准体系等）	1）煤矿余热利用技术成本高； 2）煤价低，取代成本提高	1）人们对余热资源及取代燃煤锅炉可靠性的担忧； 2）以电代煤、以气代煤、集中供热等方式取代燃煤锅炉供热的替代作用	1）科技水平有待进一步提升

表2　煤企余热利用取代小锅炉策略综合分析表

	S				W			
	S-O				W-O			
O	P	E	S	T	P	E	S	T
	1	1	1	1	1	0.5	0.5	1
	S-T				W-T			
T	P	E	S	T	P	E	S	T
	1	0.5	0.5	1	0	0	0	0.5
几率	10.5/16×100% = 65.625%							

注：表中，几率，是指煤企选择余热利用取代燃煤小锅炉策略的可能性。几率的范围为0—1，其中，0代表不可能，1代表绝对会。

二、煤矿余热利用取代燃煤小锅炉的技术可行性

当前煤矿余热资源利用取代燃煤小锅炉的主要技术影响因素包括热源、热泵技术、项目投资及运行等，本小节基于基本假设，探究各因素对煤矿余热资源利用取代燃煤小锅炉能力的影响。

（一）基本假设

据调研，煤矿充分利用各种余热资源旨在取代矿区内的燃煤锅炉，一则贯彻落实国家煤炭清洁高效利用战略，淘汰落后小锅炉；二则控制燃煤污染，推动煤矿绿色低碳转型，推进矿区生态文明建设；三则变消费用煤为商品煤，增加企业效益。煤矿余热资源种类繁多，但是，1）地热不是煤矿特有余热源，且地源热泵在煤矿应用较少，同时地源热泵投资较高，限制其推广应用；2）当煤矿配套坑口电厂或矿区附近有电厂的情况下，电厂余热才可能成为煤矿可利用余热资源，因此，对于煤矿而言具有利用价值的余热资源主要为矿井水余热、乏风余热。通常情况下，我国煤矿矿井水排水温度为15—20℃，矿井回风温度稳定，一般为14—30℃。截至目前，余热利用主要基于热泵技术来实

现，而且通过热泵技术可以实现冬季供暖、夏季制冷。

基于此，本小节假设取代 1t/h 燃煤锅炉，即探究通过余热利用满足煤矿 1t/h 燃煤锅炉供热供暖所提供热负荷的技术可行性。1t/h 燃煤锅炉供热供暖所提供热负荷为 700kW。煤矿矿井水经净化处理后温度夏季为 20℃，冬季为 15℃；矿井回风温度夏季为 30℃，冬季为 14℃。鉴于目前技术水平，本报告假设煤矿采用热泵技术充分利用矿区的余热资源实现冬季供热供暖，夏季制冷。

（二）热源分析

煤矿的热源包括矿井水、矿井回风、地温、坑口电厂余热等工业余热等，种类繁多。本课题基于研究余热利用取代燃煤锅炉实现供热供暖可行性的目的及煤矿余热利用实际，这里热源分析重在核算冬季供热供暖所需矿井水量和矿井回风量。

1. 矿井水

假设热泵制热能效比取 4，矿井水取热前后温差 5℃，则冬季供暖需提供热量为：

$$Q_{zs} = Q_s \times (1 - 1/COP) = 700 \times (1 - 1/4) = 525 \text{kW}$$

式中，Q_{zs}——冬季矿井水需提供的热量，kW

Q_s——冬季设计总热负荷，kW

COP——制热能效比

矿井水需水量：

$$L = \frac{Q_{zs}}{c \times \rho \times \Delta T} = \frac{525 \times 10^3}{\dfrac{4.2 \times 10^3 \times 1.0 \times 10^3}{3600} \times 5} = 90.3 \frac{m^3}{h}$$

式中，L——矿井水需水量，m^3/h

c——水的比热，J/kg·℃

ρ——水的密度，kg/m^3

ΔT——提取热量前后矿井水温差，℃

2. 矿井回风

假设热泵制热能效比为 4，矿井回风取热前后温差 5℃，即，冬季回风温度为 14℃，相对湿度为 90%；提取热量后的回风温度为 9℃，相对湿度为 100%。则冬季供暖需提供热量为：

$$Q_{zf}=Q_f(1-1/COP) = 700×(1-1/4)=525kW$$

式中，Q_{zf}——冬季矿井回风需提供的热量

Q_f——冬季设计总热负荷

COP——制热能效比

矿井通风总回风量：

$$V=\frac{Q_{zf}}{(h_1-h_2)×\rho}=\frac{525}{(8.75×4.186-6.43×4.186)×1.223}=44.2m^3/s$$

式中，V——矿井通风总回风量，m^3/s

h_1——回风温度为 14℃，相对湿度为 90% 时的焓，kJ/kg

h_2——回风温度为 9℃，相对湿度为 100% 时的焓，kJ/kg

ρ——回风的密度，kg/m^3

因此，在现有技术条件下，取代 a t/h 燃煤锅炉，若以矿井水为唯一热源，需要 $≥91a m^3/h$ 经净化处理后的矿井水；若以矿井回风为唯一热源，需要矿井通风总回风量 $≥45a\ m^3/s$；若以矿井水、矿井回风为双热源，则经净化处理后的矿井水和矿井回风需满足下述条件：

$$\begin{cases} Q≥525a \\ Q=Q_{zs}+Q_{zf} \\ Q_{zs}=1.163×\Delta T×L \\ Q_{zf}=(h_1-h_2)×\rho×V \end{cases}$$

式中，Q——需提供的热量，kW

Q_{zs}——矿井水可提供的热量，kW

Q_{zf}——矿井回风可提供的热量，kW

L——矿井水需水量，m^3/h

ΔT——提取热量前后矿井水温差，℃

V——矿井通风总回风量，m^3/s

h_1——取热前回风的热焓，kJ/kg

h_2——取热后回风的热焓，kJ/kg

ρ——回风的密度，kg/m^3

若采用多热源，则各热源须满足下述条件：

$$\begin{cases} Q \geq 525a \\ Q = Q_{zs} + Q_{zf} + Q_{z1} + Q_{z2} + \cdots + Q_{zn} \end{cases} \quad Q——需提供的\textbf{热量}，kW$$

Q_{zs}——矿井水可提供的热量，kW；$Q_{zs} = 1.163 \times \Delta T \times L$；$L$，矿井水需水量，$m^3/h$；$\Delta T$，提取热量前后矿井水温差，℃

Q_{zf}——矿井回风可提供的热量，kW；$Q_{zs} = (h_1 - h_2) \times \rho \times V$；；$V$，矿井通风总回风量，$m^3/s$；$h_1$，取热前回风的热焓，$kJ/kg$；$h_2$，取热后回风的热焓，$kJ/kg$；$\rho$，回风的密度，$kg/m^3$

Q_{z1}、Q_{z2}、...、Q_{zn}——地温、工业余热等可提供的热量，kW

（三）技术方案

1. 设计思路

基于实地调研，煤矿供热供暖热负荷主要包括建筑采暖、井口防冻、洗浴热水三个方面。煤矿余热利用取代燃煤锅炉实现供热供暖系统主要包括取热系统、热泵系统、用户系统（见图1）。

如图1，煤矿余热利用取代燃煤锅炉的核心技术为热泵技术。"热泵"可将低位热能"泵送"到高位热能，因此可以将余热资源转移到高温热源，满足供热供暖需求。而且在当前技术水平下，热泵可以实现供暖和制冷的双重功能，可替换"锅炉+空调"两套装置或系统。据调研，依据压缩机的不同，热

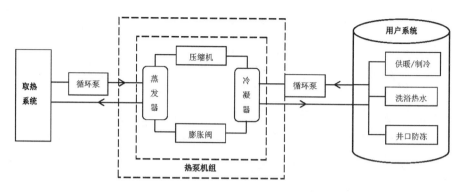

图1　煤矿余热利用取代燃煤锅炉供热供暖原理图

泵分为活塞式热泵、离心式热泵、螺杆式热泵和涡旋式热泵。其中，活塞式热泵故障率较高，制冷范围小；离心式热泵噪音大，调节性能差，适宜大型制冷系统；煤矿较常用的为螺杆式热泵和涡旋式热泵。取热系统主要是从热源提取热量，根据热源不同，取热系统也不尽相同。矿井水热源的取热系统主要为矿井水净化系统；矿井乏风热源的取热系统为回风换热系统，包括回风换热器和循环水全自动锅炉过滤器等。土壤热源的取热系统为地埋管系统；若以电厂循环冷却水为热源，取热系统则为板式换热系统；其他热源也需有恰当的取热系统，将热源中蕴含的热能交换到循环介质中，作为热泵系统的低温热源。用户系统是高位热能的使用系统。煤矿的用户系统包括建筑物的冬季采暖和夏季制冷、冬季井口防冻、全年的洗浴热水供应。

鉴于上述分析，煤矿取代1t/h燃煤锅炉的技术方案设计思路为：

（1）配置3台HE涡旋式热泵；

（2）冬季3台HE涡旋式热泵机组提供建筑采暖、井口防冻及洗浴热水；

（3）夏季2台HE涡旋式热泵机组提供建筑制冷，同时利用热泵机组余热提供洗浴热水；

（4）春秋季1台HE涡旋式热泵机组提供洗浴热水。

2. 主要设备

（1）热泵机组

煤矿常用热泵机组有螺杆式和涡旋式两种，相比较，螺杆式热泵机组单机能量较大，噪音大，运行维护麻烦，用于洗浴热水加热故障率高，因此，这里

图 6 煤矿余热利用取代燃煤小锅炉可行性研究

选用涡旋式热泵机组。依据热负荷，选用 3 台 HE300 型，满足替代 1 蒸吨/h 锅炉实现煤矿建筑物供暖、井口防冻和提供洗浴热水。冬季 3 台全部开启运行，标准工况下，单台 HE300 型制热量为 295.5kW，总制热量为 $295.5×3=886.5kW$，满足热负荷 700kW 要求。夏季 2 台运行，标准工况下，单台 HE300 型制冷量为 258kW，总制冷量为 $258×2=516kW$，假设煤矿建筑物单位面积冷负荷为：200W/m³，可满足 2580m³ 建筑的制冷需求，同时利用制冷机组热回收提供洗浴热水。春秋季运行 1 台，提供洗浴热水。

则 HE300 型机组技术参数，见表 3。

表 3 HE300 型机组技术参数表

型号			HE300		
制冷工况	名义制冷量（kW）	258.0	制热工况	名义制热量（kW）	295.5
	输入功率（kW）	44.54		输入功率（kW）	61.57
	热源侧温度范围（℃）	10-35		热源侧温度范围（℃）	10-25
	使用侧温度范围（℃）	4-15		使用侧温度范围（℃）	35-55
	热源侧水流量（m³/h）	23.65		热源侧水流量（m³/h）	28.74
	使用侧水流量（m³/h）	44.38		使用侧水流量（m³/h）	50.82
标准工况			冬季制热使用侧进水温度 40℃，出水温度为 45℃，热源侧进水温度 15℃，出水温度为 8℃；夏季制冷使用侧进水温度 12℃，出水温度为 7℃，热源侧进水温度 18℃，出水温度为 29℃。		
备注			根据用户需求，可实现全部或部分热回收功能，提供免费生活热水。		
外形尺寸					
长（mm）	3300	宽（mm）	1150	高（mm）	1960
机组重量（kg）			1920		

（2）取热系统

①矿井水热源

矿井水热源的取热系统主要功能为矿井水的净化和输送，所涉及设备主要为矿井水净化处理相关设备以及净化后矿井水输送用水泵。对于煤矿而言，矿井水处理系统及输送用水泵是在煤矿建设初期即配备的，因此，煤矿利用矿井水余热具有先天优势，采用水源热泵取代燃煤锅炉仅需配备由矿井水处理站至热泵机房的所需水泵以及输送管线即可。

②矿井乏风热源

矿井乏风热源的取热系统主要功能为乏风余热的回收、循环水的净化和输送，所涉及设备包括回风换热器、全程水处理器、全自动过滤器、循环水泵等。

③土壤源

土壤源不是煤矿的特有热源，其取热系统的功能主要为地热的回收、循环水的净化处理以及输送，所涉及设备包括地埋管、循环水处理器、循环水泵等。

（3）用户系统

煤矿供热供暖的用户系统主要包括三个模块，建筑物供暖、井口防冻、洗浴热水。所涉及设备包括

①建筑物供暖/制冷

建筑物供暖/制冷采用风机盘管+新风空调方式。冬季由机房向室内风机盘管供应热水，满足室内供暖；夏季向风机盘管供应冷水，满足室内冷风空天。风机盘管的开闭和室内温度调整，有用户自主控制。风机盘管安装于房间顶部。做涉及设备主要为风机盘管以及空调相关设备。

②井口防冻

矿井井口防冻是煤矿安全生产的重要措施。依据煤矿所处地区气候情况，井口防冻措施不一。特别是在高寒地区，井口防冻采用燃煤锅炉为热源，若以热泵技术取代燃煤锅炉后，其制热出水温度低，建议配备井口防冻加热器，确保进风井口以下的空气温度在2℃以上。

③洗浴热水

为满足洗浴热水的用水需求，需要配备适宜的热水蓄水箱。

④室外管网

取热系统、水源热泵机组及用户端风机盘管之间的连接主要通过管网实

图 6　煤矿余热利用取代燃煤小锅炉可行性研究

现，且管网主要是室外部分。

（4）用电负荷

这里主要考虑机房主要设备水源热泵机组和水泵用电负荷。

HE300 型热泵机组的电耗：制热时 61.57kW，制冷时 44.54kW。因此，这里机房主要电耗：

制热时，$61.57 \times 3 = 184.71$kW；

制冷时，$44.54 \times 2 = 89.08$kW；

水泵的电耗假设为热泵机组的 30%，电耗：55.41kW；

因此，上述系统运行期间最大功率为：240.12 kW。

（四）投资及运行

1. 初期投资

按照上述技术方案，采用热泵机组替代 1t/h 燃煤锅炉实现供热供暖初期投资估算详见表 4。

表 4　投资估算表

序号	工程项目	规格型号	单位	数量	单价	合计	备注
一、	主要设备购置						
1	水源热泵	HE300 热泵	台	3	35	105	非标设备
2	回风换热器	——	台	1	81	81	非标设备
3	全自动过滤器	——	台	1	25	25	
4	井口防冻加热器	——	台	1	12	12	
5	洗浴热水蓄水箱	——	个	1	10	10	
6	循环水泵	——	台	10	1.8	18	
7	洗浴供水泵	——	台	1	2	2	
8	软化补水箱	——	个	1	5	5	
9	机房其他附属设备	——	—	1	15	15	
10	电气设备	——	—	1	15	15	

续表

序号	工程项目	规格型号	单位	数量	单价	合计	备注
11	自动控制	——	—	1	6	6	群控系统配置
一	合计1	——				294	
	合计2 (1+4+…+11)					188	
二	安装工程	——					
1	机房设备及管道安装	机房设备、管道、水箱、附件等安装、调试	项	1	60	60	
2	动力及照明电气安装	机房配电、变频柜、控制柜、电缆、电线、桥架等	项	1	30	30	
3	自动监控系统安装	各种传感器、PLC控制柜、电动调节阀门等	项	1	15	15	
4	洗浴水给水及输送管路	含洗浴水箱的来水管及水箱至澡堂浴室的输送管路	项	1	8	8	
5	室内空调系统安装	项目包括用户房间风机盘管及控制器、管线系统及保温	项	1	15	15	
二	合计					128	
三	建筑工程						
1	热泵机房	土建、钢结构，设备基础等	项	1	40	40	
2	各种管沟开挖及回填	各种室外管路的开挖及回填	项	1	25	25	
三	合计					65	
四	其他费用	管理费、咨询费、设计费、科研鉴定及不可预见费等	项	1	25	25	
五	各种税金	设备购置、安装等税金	项	1	20	20	
六	总计1	人民币532万元				532	
	总计2	人民币426万元				426	

备注: 其中, 合计1和总计1为煤矿以矿井乏风为单一热源时, 取代1t/h燃煤锅炉的设备投资和总投资。合计2和总计2为煤矿以矿井水为单一热源时, 取代1t/h燃煤锅炉的设备投资和总投资。

因此, 由表4可知, 煤矿余热利用取代燃煤锅炉的投资主要集中在设备购置、安装、土建以及相关管路的建设方面。其中, 设备购置约占总投资的50%左右, 其中热泵机组、回风换热器、全自动过滤器、井口防冻加热器是设备投资的主要方面。

对于具体煤矿而言, 在同等热负荷下, 煤矿余热利用取代燃煤锅炉投资差异主要在于取热系统, 取热系统投资因热源不同而差别较大: 1) 矿井水处理站是煤矿的标配, 而且处理后水质基本能满足热泵机组要求, 投资最少, 因此, 在矿井水资源量充足的条件下, 充分利用矿井水余热资源取代燃煤锅炉是最优投资选择。2) 矿井乏风余热利用取代燃煤锅炉的取热系统投资较大, 特别是回风换热器的生产制造并未形成产业化, 是乏风余热利用设备的主要投资方面。3) 地源余热利用取热系统投资主要为地埋管购置和铺设。4) 其他余热资源利用取热系统投资视具体情况而定。

2. 年运行费用

这里年运行费用主要为电费、设备维修费、人工工资, 共计58.73万元, 详见表5—6。

表5 热泵空调系统年运行主要电费

设备名称	运行台数 (台)	功率 (kW)	季节	运行天数 (天)	每天运行 时间(h)	负荷率 (%)	耗电量 (kWh)
HE300	2	44.54	夏季	120	12	100	128275.2
HE300	3	61.57	冬季	120	24	100	531964.8
HE300	1	61.57	春/秋	125	24	40	73884
耗电量 (kWh)							734124

续表

设备名称	运行台数（台）	功率（kW）	季节	运行天数（天）	每天运行时间（h）	负荷率（%）	耗电量（kWh）
电费（万元）							58.73
备注：冬季供暖、供洗浴热水、井口防冻，机组满负荷运行；夏季实现建筑物制冷，同时冷凝热回收提供洗浴热水热源；春秋季机组制热主要用于洗浴热水、井口防冻。 电费：0.8元/kWh。 这里的耗电量仅为水源热泵机组耗电量，不含循环水泵等。							

表 6　热泵空调系统取代 1t/h 燃煤锅炉供热供暖/制冷年运行费用汇总表

序号	项目类别	用途	费用（万元）
1	热泵	系统耗电费	58.73
2	设备维保	免维护，考虑每年3万	3
3	人工工资	每班1人，5万元/人＊年	15
合计			76.73

三、煤矿余热利用取代燃煤小锅炉的环境效益分析

煤矿余热利用取代燃煤锅炉的环境效益主要体现在节约煤炭和减少燃煤污染物排放方面。本小节重点核算取代 1t/h 燃煤锅炉的环境效益。

（一）煤炭节约核算

1t/h 燃煤锅炉耗煤量为：

$$M = Q/(\gamma \times Qc) = (700 \times 10^3 \times 3600)/0.8/(5000 \times 10^3 \times 4.186) = 150$$

式中，M——耗煤量，kg/h

Q——燃煤锅炉功率，J

γ——燃煤锅炉效率

Qc——煤炭发热量，J/kg

煤矿 1t/h 燃煤锅炉年耗煤量核算见表 7。

表 7 煤矿 1t/h 燃煤锅炉年耗煤量汇总表

1t/h 锅炉年耗煤量估算表		
锅炉容量（吨）	1	1×1/3
运行季节	冬	春/秋
运行时间（天）	120	125
每天运行时数（h）	24	12
1 吨锅炉小时耗煤量加 10%损耗	0.165（0.15）	
年耗煤量（t）	475.2	82.5
年耗煤总量（t）	557.7	

因此，煤矿余热利用取代 a t/h 燃煤锅炉年可节约煤炭用量 557.7a 吨。

（二）污染物减排核算

燃煤锅炉煤炭燃烧后污染物包括大气污染物和固体废物。其中，大气污染物主要为烟尘、SO_2、NO_2、CO_2、CO，固体废物主要为炉渣。1t/h 燃煤锅炉年排放各类污染物核算情况见表 8。

因此，煤矿余热利用取代 a t/h 燃煤锅炉年减排烟尘，24.31a t；SO_2，1.78a t；NO_x，7.66a t；CO_2，1584.85a t；CO，31.19a t；炉渣，207.95a t；粉煤灰，97.22a t。

表 8 1t/h 燃煤锅炉年排放各类污染物核算表

序号	污染物名称	计算公式	取值说明	燃煤量（t）	污染物排放量（t）
1	烟尘	$\times G_{sd} = B \times A \times d_{fh} \times (1 - \eta_c)/(1 - C_{fh})$	$G_{sd} = 557 \times 0.4 \times 0.3 \times (1 - 0.8)/(1 - 0.45)$	557	24.31
2	SO_2	$G_{SO_2} = 2 \times 0.8 \times B \times S \times (1 - \eta_s)$	$G_{SO_2} = 2 \times 0.8 \times 557 \times 0.01 \times (1 - 0.8)$	557	1.78
3	NO_x	$G_{NO_x} = 1.63 \times B \times (N \times \beta + 0.000938)$	$G_{NO_x} = 1.63 \times 557 \times (0.015 \times 0.5 + 0.000938)$	557	7.66
4	CO_2	$G_{CO_2} = (44/12) \times B \times C_{rh} \times (1 - \mu)$	$G_{CO_2} = (44/12) \times 557 \times 0.8 \times (1 - 0.03)$	557	1584.85

序号	污染物名称	计算公式	取值说明	燃煤量（t）	污染物排放量（t）
5	CO	$G_{CO}=(28/12)\times B\times C_{rh}\times\mu$	$G_{CO}=(28/12)\times557\times0.8\times0.03$	557	31.19
6	炉渣	$G_z=d_z\times B\times A/(1-C_z)$	$G_z=(1-0.3)\times557\times0.4/(1-0.25)$	557	207.95
7	粉煤灰	$G_f=d_{fh}\times B\times A\times h_c/(1-C_f)$	$G_f=0.3\times557\times0.4\times0.8/(1-0.45)$	557	97.22

注：计算公式说明详见附件。式中，G_{sd}，G_{SO_2}，G_{NO_x}，G_{CO_2}，G_{CO}，G_z，G_f 分别为燃煤锅炉排放的烟尘、SO_2、NO_x、CO_2、CO、炉渣、粉煤灰排放量，单位 t。B 为耗煤量，单位为 t。A 为煤的灰分，%。d_{fh} 为烟尘中灰分占灰分总量的份额，%。h_c 为除尘系统除尘效率。C_{rh} 为烟尘中的含碳量，%。s 为燃煤中全硫含量，%。h_s 为脱硫装置 SO_2 去除率，%。N 为燃煤中的含氮量，%。b 为燃煤中氮的转化率，%。0.000938，系数。C_{rh} 为燃煤中的含碳量，%。m 为燃料的不完全值，%。d_z 为炉渣中灰分占燃煤总灰分的百分比。C_z 为炉渣中可燃物的百分含量，%。C_f 为粉煤灰中可燃物百分含量，%。

四、煤矿余热利用取代燃煤小锅炉的经济效益分析

采用热泵技术，充分利用煤矿矿井水、矿井乏风、地热、其他工业余热等余热资源取代燃煤锅炉+分体空调，实现低成本冬季供热供暖+夏季制冷，同时还可以减少煤矿煤炭消费，节约煤炭资源，减少燃煤污染物排放。其经济效益主要通过节支来体现。节支包括年运行费用的降低和排污费的减少两方面。

（一）燃煤锅炉+分体空调年运行费用差额核算

1. 燃煤锅炉年运行费用核算
燃煤锅炉的年运行费用按照下式计算。

$$\begin{cases} Y_z=Y_m+Y_r \\ Y_m=Q\times p \\ Y_r=n\times G \end{cases} \qquad 公式1$$

式中，Y_z——锅炉年运行费用，元；

Y_m——燃煤费用，元；

Y_r——人工工资，元；

Q——燃煤量，t；

p——吨煤价格，元/t；

n——工人数，个；

G——工人平均工资，元/个。

1t/h 燃煤锅炉年燃煤量为 557.7 吨，煤价为 390 元/t。假设工人采用三班制，每班 4 人，年均工资 5 万/人·年。则 1t/h 燃煤锅炉年运行费用核算见表9。电费、设备维护费在估算时省略。

表9 1t/h 燃煤锅炉年运行费用核算表

序号	费用类别	费用（元）
1	燃料费	217503
2	工人工资	600000
	合计	817503

因此，a t/h 燃煤锅炉的年运行费用为 81.75a 万元。

2. 分体空调年运行费用核算

根据本章第二节计算，采用热泵技术取代 1t/h 燃煤锅炉夏季可提供的制冷量为 516kW。据调研，假设单体空调的综合能效比为 2.5，那么空调装机功率为 206.4kW。分体空调年运行费用主要为电费，其估算详见表10。

表10 采用热泵技术取代 1t/h 燃煤锅炉实现夏季制冷替代分体空调电费估算表

运行季节	设备名称	设备功率（kW）	运行时间（天）	每天运行时数（h）	总电量（kWh）	年运行费用（万元）
夏季	分体空调	206.4	120	10	247680	19.81

采用热泵技术取代 a t/h 燃煤锅炉实现夏季制冷替代分体空调的运行费用

为 19.81a 万元。

综上，1t/h 燃煤锅炉+分体空调系统实现冬季供热供暖、夏季制冷的年运行总费用为 101.56 万元，主要费用类别为燃料费、电费和人工费。

（二）余热利用取代燃煤锅炉年排污费减少核算

余热利用取代燃煤锅炉年排污费减少量就是燃煤锅炉运行时所需缴纳的排污费。这里首先核算 1t/h 燃煤锅炉年需缴纳的排污费详见表 11。

表 11　1t/h 燃煤锅炉年需缴纳的排污费汇总表

序号	污染物名称	排放量（t）	污染当量值（kg）	污染当量数	缴费标准	缴纳费用（元）
1	烟尘	24.31	2.18	1.115×10^4	0.6 元	6690
2	SO_2	1.78	0.95	1.87×10^3	0.6 元	1122
3	NO_x	7.66	0.95	8.06×10^3	0.6 元	4836
4	炉渣	207.95	——	——	25 元	5198.75
5	粉煤灰	97.22	——	——	30 元	2916.6
	总计	——	——	——		20763.35

因此，煤矿余热利用取代 a t/h 燃煤锅炉，每年可少缴排污费 20763.35a 元。对于，目前燃煤锅炉排放不达标的煤矿，考虑脱硫脱硝除尘改造费用，余热利用取代燃煤锅炉更具优势。

（三）取代前后年总运行费用比较

热泵系统与锅炉+分体空调系统年总运行费用的比较，详见表 12。依表 12，在国家推进煤炭清洁高效利用、全面整治燃煤锅炉、热泵技术成熟、煤价低位徘徊等的背景下，在煤矿余热资源稳定充足的条件下，采用热泵技术取代 1t/h 燃煤锅炉+分体空调满足供热供暖制冷需求，年可节约开支 26.91 万元，若取代 a t/h 燃煤锅炉+分体空调，年可节约开支 26.91a 万元。

图 6　煤矿余热利用取代燃煤小锅炉可行性研究

表 12　热泵系统与锅炉+分体分体空调年总运行费用的比较表

	热泵系统	锅炉+分体空调
年运行费用（万元）	76.73	101.56
排污费（万元）	0	2.08
年总运行费用（万元）	76.73	103.64

五、结论

综上所述，通过对我国煤矿余热利用取代燃煤小锅炉的宏观发展环境、技术可行性、环境效益、经济效益的分析，本研究认为：

1. 在国家推进绿色发展、低碳发展、创新发展，推进煤炭清洁高效利用，煤矿谋求产业升级、转型发展，余热利用相关技术体系基本建立的情况下，尽管当前行业经济形势不容乐观，煤矿热源取热技术并未产业化，在煤矿矿井水、矿井瓦斯等余热资源丰富，热源可利用的条件下，煤矿更加倾向于采用余热利用取代燃煤小锅炉。

2. 煤矿的特色余热源主要为矿井水和矿井乏风。余热利用取代燃煤小锅炉技术体系主要包括取热系统、热传导系统、热利用系统。相对而言，矿井水余热利用具有技术、投资优势更宜在煤矿推广利用。而矿井乏风余热首先取热技术不成熟，相应设备生产未形成产业化，是煤矿余热利用研发重点所在。

3. 在煤矿余热资源保障的条件下，采用余热利用替代或部分替代燃煤小锅炉可以大幅度减少矿区因散煤燃烧产生的环境污染，具有明显的环境效益。

4. 煤矿余热利用取代燃煤小锅炉的经济性主要体现在节支方面，具体包括燃料费用的节约和排污费的减少两方面。自然，其经济性与燃煤的价格具有强相关性。若燃煤价格过低，必然影响煤矿余热利用的积极性。

清洁能源在长江以南城市
采暖供热应用中的试行及推广

曾淑平　段继明　尹　雄　张甜甜①

摘　要：

主要介绍了我国目前各地区城市建筑采暖供热的能源结构形式，并从国内与国外建筑能耗现状分析中提出在建筑采暖供热中采用清洁能源替代化石能源的思路，重点阐述了在长江以南城市推行太阳能联合热泵的能源形式的可行性，同时对如何发展清洁能源提出了有针对性的建议和对策，进而阐明了清洁能源的试行及推广所具有的社会意义和发展前景。

关键词：

清洁能源　可再生能源　建筑　太阳能联合热泵

---

① 曾淑平，女，1970年出生，籍贯湖南邵阳，硕士研究生学历，现任云南东方红节能设备工程有限公司董事长，具有丰富的企业管理和实战运营经验，全面负责公司的战略、规划、资金运营管理等工作。段继明，1982年出生，籍贯云南凤庆，毕业于昆明理工大学机械工程及自动化专业，获工学学士学位，现就职于云南省昆明市云南东方红节能设备工程有限公司，主要从事可再生能源及建筑节能领域的研究。尹雄，1973年出生，籍贯云南昆明，大学学历，现就职于云南东方红节能设备工程有限公司，从事建筑节能工程的应用及推广。张甜甜，1986年12月出生，籍贯浙江，武汉理工大学管理学学士，从事节能环保行业8年工作经验，从事节能供暖行业的推广和应用。

一、引言

2016 年 9 月 3 日全国人大批准通过《巴黎协定》。在杭州 G20 会议上，习近平主席提出：大力推进生态文明建设，促进绿色、低碳、气候适应型和可持续发展。我国还将继续努力提高工业、交通和建筑领域的能效标准，推动绿色电力调度以加速发展可再生能源，于 2017 年启动全国碳交易市场，逐步消减氢氟碳化物的生产和消费。同时指出"十三五"期间中国单位国内生产总值二氧化碳排放和单位国内生产总值能耗分别下降 18%、15%，非化石能源占一次能源消费比重将提高 15%。

因此，降低建筑能耗、提升空气质量、推动我国经济绿色健康发展，已成为国家的当务之急。降低建筑能耗的发展方向就是要大力发展建设被动式超低能耗建筑，改善能源结构，提升能源效率，提高可再生能源占比，减少碳排放。在日益严重的能源危机和环境污染的背景下，只有降低建筑能耗才是应对气候变化、节能减排的最重要途径之一，代表了世界建筑节能的发展方向。那么在实践中，如何才能做到降低建筑能耗呢？通过对目前国内与国外建筑能耗实际现状的分析比较，我们探索出了一条符合我国部分地区能源发展的新思路。

二、能源在建筑领域使用状况

（一）中国建筑能耗的现状

中国是一个发展中大国，又是一个建筑大国，每年新建房屋面积高达 17—18 亿平方米，超过所有发达国家每年建成建筑面积的总和。随着全面建设小康社会的逐步推进，建设事业迅猛发展，建筑能耗迅速增长。所谓建筑能耗指建筑使用能耗，包括采暖、空调、热水供应、照明、炊事、家用电器、电梯等方面的能耗。其中采暖、空调能耗约占 60%—70%。中国既有的近 400 亿平方米建筑，仅有 1% 为节能建筑，其余无论从建筑围护结构还是采暖空调系统来衡量，均属于高耗能建筑。单位面积采暖所耗能源相当于纬度相近的发达国家的2—3倍。这是由于中国的建筑围护结构保温隔热性能差，采暖用能的2/3白白跑掉。而每年的新建建筑中真正称得上"节能建筑"的还不足1亿平方米，建筑耗能总量在中国能源消费总量中的份额已超过27%，逐渐接近三成。

我国的建筑能耗约占社会总能耗的1/3，总量逐年上升，在能源总消费量中所占的比例已从20世纪70年代末的10%，上升到27.45%（见图1）。而国际上发达国家的建筑能耗一般占全国总能耗的33%左右。以此推断，国家建设部科技司研究表明，随着城市化进程的加快和人民生活质量的改善，我国建筑耗能比例最终还将上升至35%左右。如此庞大的比重，建筑耗能已经成为我国经济发展的软肋。

高耗能建筑比例过大，则加剧了能源危机。直到2002年末，我国节能建筑面积只有2.3亿平方米。我国已建房屋有400亿平方米以上属于高耗能建筑，总量庞大，潜伏巨大能源危机。正如建设部有关负责人指出，仅到2000年末，我国建筑年消耗商品能源共计3.76亿吨标准煤，占全社会终端能耗总量的27.6%，而建筑用能的增加对全国的温室气体排放"贡献率"已经达到了25%。因高耗能建筑比例大，单北方采暖地区每年就多耗标准煤1800万吨，直接经济损失达70亿元，多排二氧化碳52万吨。如果任由这种状况继续发展，到2020年，我国建筑耗能将达到1089亿吨标准；到2020年，空调夏季高峰负荷将相当于10个三峡电站满负荷能力，这将会是一个十分惊人的数量[1]。据分析，我国处于建设鼎盛期，每年建成的房屋面积高达16亿至20亿平方米，超过所有发达国家年建成建筑面积的总和，而97%以上是高能耗建筑。以此建设增速，预计到2020年，全国高耗能建筑面积将达到700亿平方米。因此，如果不开始注重建筑节能设计，将直接加剧能源危机。

---

[1] 袁炜、成金华：《中国清洁能源发展现状和管理机制研究》，《理论月刊》2008年第12期。

图7　清洁能源在长江以南城市采暖供热应用中的试行及推广

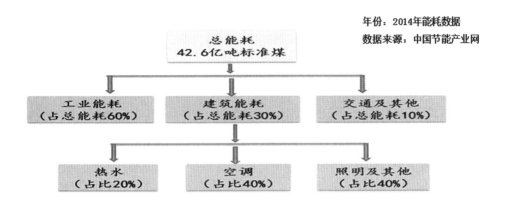

图1　2014年我国能源消耗状况

	折合标准煤	折合费用
社会总能耗	42.6亿吨	5万亿
建筑总能耗	12.78亿吨	1.5万亿
空调、热水能耗	7.67亿吨	9仟亿

（二）国外建筑能耗的现状

据统计2014年全球能耗总量为198.1亿吨标准煤，其中中国已超过美国，成为世界第一能耗大国（见图2）。世界各国为了降低建筑能耗均根据各自的国情颁发了一系列强制法规和激励政策。

德国是一个能源匮乏的国家，除煤炭资源较丰富外，能源供应在很大程度上依赖进口，其中石油几乎100%进口，天然气80%进口。由于纬度较高（北纬47—55度），冬季较长，建筑能耗（主要用于建筑取暖和热水供应）占德国能源消耗总量约40%，建筑物的二氧化碳排放量约为德国二氧化碳排放总量的1/3，因此，建筑节能的潜力相当巨大。在德国，1985年以前建造的房屋称作既有建筑。目前德国的既有建筑占建筑总量的95%以上，经改造后的既有建筑能耗降低一般可达到90%。因此在重点建筑领域，如建筑规划、新技术、新材料、新能源应用等方面，德国政府按其法律法规制定了严格的标准，同时大力开展建筑节能的研究和推广①。

丹麦在 1973 年第一次石油危机之前，是能源净进口国，石油全部依赖进口，其能源对外依存度超过 95%。自 1974 开始，丹麦实施开发和节约并重的能源方针，大力提倡节能和提高能源效率。90 年代以来，由于对全球变暖的担忧和对长期能源供应安全的渴求，丹麦政府提出："到 2050 年丹麦将成为 100%化石能源零依赖的国家"。要实现这个目标，建筑物节能是一个核心因素。通过提出严格的建筑节能要求，加强对既有建筑改造，税收政策调控等政策措施，建筑物能耗大幅下降。目前，丹麦新建建筑的供热能耗只有 1977 年的 25%左右。

美国是世界能源生产和消费最多的国家之一，目前能源生产量约占世界能源总产量的 19%，消费量占世界能源总消费量的 24%。而建筑业又是美国经济的支柱之一，建筑能耗在美国能源消耗中占重要比例。据统计，近年来美国住房每年消耗能源折合约 3500 亿美元②。美国的建筑有其独特性，人均住房面积近 60 平方米，居世界首位，其中大部分住宅都是 3 层以下的独立房屋，供暖、空调全部是分户设置，电力、煤气、燃油等能源是家庭日常开销的一个

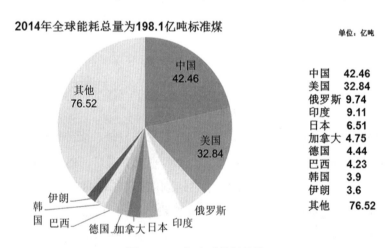

图 2　2014 年全球能耗总量

---

① 王红霞：《德国的建筑节能措施及对我国的启示》，《科技情报开发与经济》2010 年第 9 期，第 124 页。

② 五合国际项目管理与策划部：《美国推行建筑节能措施给我国的启示》，《窗口》2006 年第 8 期。

图 7　清洁能源在长江以南城市采暖供热应用中的试行及推广

主要部分。因此，美国政府深刻认识到建筑节能的重要性和必要性。与此同时，奥巴马总统明确要求对75%以上的联邦机构大楼进行现代化改造，包括更新老化的供暖系统，安装高科技、低能耗的节能灯等，来提高联邦政府部门的节能水平。

（三）节能减排是国家发展的需要

自改革开放以来，我国经济经过三十多年高速发展，取得了举世瞩目的成就。然而，高能耗、高污染、高投入、低效率的经济发展模式已导致资源枯竭、环境恶化。能源、资源紧缺和环境恶化已成为制约我国经济发展、社会进步的瓶颈。

过去，我们一直以我国"地大物博、物产丰富"自诩，习惯于对资源、能源粗放型、低效率的使用。无论是生产经营，还是消费方式都没有形成良好的节俭、节约、高效、科学利用资源能源的习惯。

目前我国万元 GDP 的能耗是美国的 3 倍，日本的 8 倍，是世界第一大能耗国，而我国的 GDP 总量仅为美国的 2/3 （见图 3 和图 4）。若要我国 GDP 接近或者达到美国 GDP 的总量，以我们目前对资源能源利用效率的水平来说，那将是无法实现的。因此，我国经济要持续增长，与世界和谐发展，实现中国梦，就必须增强全民的节能意识提升全社会的节能能力，提高我国各行各业乃至每个人对资源、能源的使用效率，这已成为我们这个国家，这个民族的当务之急。

国民经济要实现可持续发展，推行清洁能源、改善能源结构、降低建筑能耗、提升能源效率、提高可再生能源占比势在必行且迫在眉睫。中国建筑用能浪费极其严重，而且建筑能耗增长的速度远远超过中国能源生产可能增长的速度，如果听任这种高耗能建筑持续发展下去，国家的能源生产势必难以长期支撑此种浪费型需求，从而被迫组织大规模的旧房节能改造，这将要耗费更多的人力物力。在建筑中积极提高能源使用效率，就能够大大缓解国家能源紧缺状况，促进中国国民经济建设的发展。因此，建筑节能是贯彻可持续发展战略、实现国家节能规划目标、减排温室气体的重要措施，符合全球发展趋势。

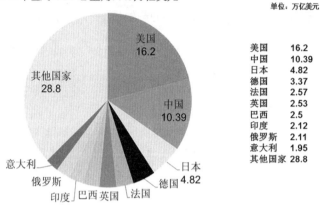

图 3　2014 年全球 GDP 总量

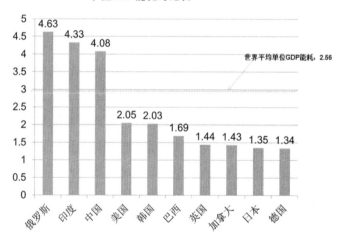

图 4　2014 年世界各国单位 GDP 能耗

三、采用"清洁能源"替代部分"化石能源"的趋势

（一）能源的定义及现状

截至 2015 年 11 月，我国能源生产总量达到约 43 亿吨标准煤，比上年增长 0.9%，煤炭消费量下降 3.7%，天然气消费增长 3.3%，煤炭消费量占能源

总量的64%，水电、风电、核电、天然气等清洁能源消费量占能源消费总量的17.9%。

同期，我国能源消费总量年均增长5.6%，与能源生产增速的差距不大，能源总自给率达到90%以上。能源生产结构不断优化，清洁能源在能源生产总量的比重为17%，可再生能源在能源生产总量中的比重为7%。（数据来源：中国经济网）

能源（Energy Source）亦称能量资源或能源资源。是指能够直接取得或者通过加工、转换而取得有用能的各种资源，包括煤炭、原油、天然气、煤层气、水能、核能、风能、太阳能、空气能、地热能、生物质能等一次能源和电力、热力、成品油等二次能源，以及其他新能源和可再生能源。

所谓"清洁能源"是指消耗后不产生或很少产生污染物的一次能源和二次能源。包括太阳能、风能、水能、地热、潮汐、沼气、天然气、煤气、电能等。

而"化石能源"是一种碳氢化合物或其衍生物。它由古代生物的化石沉积而来，是一次能源。化石燃料不完全燃烧后，都会散发出有毒的气体，却是人类必不可少的燃料。"化石能源"所包含的天然资源有煤炭、石油和天然气三种，也包含煤炭类的泥炭（含碳量比煤低）、油页岩等。

（二）我国能源发展面临问题

我国能源发展由过去粗放型已经向节约型转变，但发展过程中仍存在以下问题：（1）人均能源拥有量、储备量低；（2）能源结构依然以煤为主，约占75%。（3）全国年耗煤量已超过42.6亿吨；（4）能源资源分布不均，主要表现在经济发达地区能源短缺和农村商业能源供应不足，造成北煤南运、西气东送、西电东送；（5）能源利用效率低，能源终端利用效率仅为33%；（6）能源消耗领域主要还是以工业、建筑和交通为主，近年来随着城市化进程的加快和人民生活质量的改善，我国建筑耗能比例已超过30%。

（三）近五年来国家对于能源消耗及环境治理的投资分析

1. 我国 2010—2014 年能源消费量（见图 5）

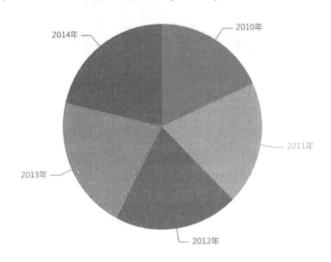

指标 ⇕		2014年 ⇕	2013年 ⇕	2012年 ⇕	2011年 ⇕	2010年 ⇕
		⊡	⊡	⊡	⊡	⊡
❶ 能源消费总量(万吨标准煤)	⊡	426000.00	416913.02	402138.00	387043.00	360648.00
❶ 煤炭消费总量(万吨标准煤)	☐	281160.00	280999.36	275464.53	271704.19	249568.42
❶ 石油消费总量(万吨标准煤)	☐	72846.00	71292.12	68363.46	65023.22	62752.75
❶ 天然气消费总量(万吨标准煤)	☐	24282.00	22096.39	19302.62	17803.98	14425.92
❶ 水电、核电、风电消费总量(万吨标准煤)	☐	47712.00	42525.13	39007.39	32511.61	33900.91
❶ 煤炭消费量(万吨)	☐		424425.94	352647.07	342950.24	312236.50
❶ 焦炭消费量(万吨)	☐		45851.87	39373.04	38163.27	33687.80
❶ 原油消费量(万吨)	☐		48652.15	46678.92	43965.84	42874.55
❶ 汽油消费量(万吨)	☐		9366.35	8140.90	7395.95	6886.21
❶ 煤油消费量(万吨)	☐		2164.07	1956.60	1816.72	1744.07
❶ 柴油消费量(万吨)	☐		17150.65	16966.05	15635.11	14633.80
❶ 燃料油消费量(万吨)	☐		3953.97	3683.29	3662.80	3758.02
❶ 天然气消费量(亿立方米)	☐		1705.37	1463.00	1305.30	1069.41
❶ 电力消费量(亿千瓦小时)	☐		54203.41	49762.64	47000.88	41934.49

图 5　2010 年—2014 年我国能源消费量

数据来源：国家统计局官网。

图 7   清洁能源在长江以南城市采暖供热应用中的试行及推广

2. 我国 2010—2014 年针对城市环境污染治理投资概况（见图6）

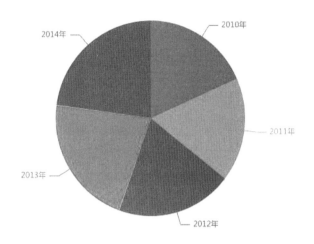

指标 ⇕		2014年 ⇕	2013年 ⇕	2012年 ⇕	2011年 ⇕	2010年 ⇕
		⊡	⊡	⊡	⊡	⊡
❶ 环境污染治理投资总额(亿元)	⊡	9575.50	9037.20	8253.46	7114.03	7612.19
❶ 城市环境基础设施建设投资额(亿元)	☐	5463.90	5222.99	5062.65	4557.23	5182.21
❶ 城市燃气建设投资额(亿元)	☐	574.00	607.90	551.81	444.09	357.93
❶ 城市集中供热建设投资额(亿元)	☐	763.00	819.48	798.07	593.34	557.47
❶ 城市排水建设投资额(亿元)	☐	1196.10	1055.00	934.08	971.63	1172.69
❶ 城市园林绿化建设投资额(亿元)	☐	2338.50	2234.86	2380.04	1991.94	2670.60
❶ 城市市容环境卫生建设投资额(亿元)	☐	592.20	505.75	398.64	556.23	423.52
❶ 工业污染源治理投资(万元)	☐	9976510.87	8496646.57	5004572.67	4443610.10	3969768.20
❶ 建设项目"三同时"环保投资额(亿元)	☐		3425.84	2690.35	2112.40	2033.00

图 6   2010—2014 年我国针对城市环境污染治理投资概况

数据来源：国家统计局官网。

3. 我国2010—2014年针对工业污染治理投资概况（见图7）

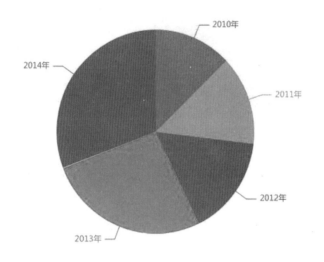

指标 ⇕		2014年 ⇕	2013年 ⇕	2012年 ⇕	2011年 ⇕	2010年 ⇕
		▣	▣	▣	▣	▣
❶ 工业污染治理完成投资(万元)	☑	9976511	8496647	5004573	4443610	3969768
❶ 治理废水项目完成投资(万元)	☐	1152473	1248822	1403448	1577471	1295519
❶ 治理废气项目完成投资(万元)	☐	7893935	6409109	2577139	2116811	1881883
❶ 治理固体废物项目完成投资(万元)	☐	150504	140480	247499	313875	142692
❶ 治理噪声项目完成投资(万元)	☐	10950	17628	11627	21623	14193
❶ 治理其他项目完成投资(万元)	☐	768649	680608	764860	413831	620021
❶ 工业污染治理本年竣工项目数(个)	☐				7005	5866

图7　2010—2014年我国针对工业污染治理投资概况

数据来源：国家统计局官网。

（四）小结

通过以上数据我们可以看出：随着经济的发展，我国依赖能源的消耗量同比增长率逐步放缓，但对于城市环境污染的治理的资金投入愈来愈高。这也说明了国家已经意识到这种高能耗的经济发展是不可持续的，同时也表明了对城市及工业污染治理的重视及决心。因此，改善我国能源结构已是刻不容缓的大事，应作为国家未来稳定发展的一项国策，它不仅可以解决能源危机，还为我

图7 清洁能源在长江以南城市采暖供热应用中的试行及推广

国经济开辟了可持续发展的道路。

降低建筑能耗，改善我国能源结构最行之有效的办法就是采用"清洁能源"替代"石化能源"的使用。特别是要加快供热设施建设，推动行业机制改革，实施多项供热节能减排措施，逐步提升清洁能源的比重，提高清洁能源及可再生能源使用比率，全面提升供热服务水平将成为"十三五"期间的重要内容。治理雾霾必须改变我国以燃煤为主的能源结构，大力发展清洁能源，提高清洁能源供热比例，尤其是可再生能源占比。

四、我国目前各地区城市建筑采暖供热的能源使用形式

（一）长江以北地区（北方）

我国长江以北地区现有城市供暖都是国有热电联厂余热供暖和主要采用燃煤锅炉供暖为主要形式，目前清洁能源在城市采暖供热中的供热比例偏低，城市供暖也是造成雾霾的原因之一。

近几年北方诸多城市率先对城市建筑采暖供热的能源形式进行了改善，并取得了明显的成效。如：北京与天津周边城市完成了"煤改气"及地源热源的广泛使用及推广；青岛颁布并实施了《青岛市加快清洁能源供热发展的若干政策》；内蒙古出台了《关于建立可再生能源保障性收购长效机制的指导意见》等。

（二）长江以南地区（南方）

我国长江以南地区共十八个省（直辖市、自治区及港澳台地区），下辖各城市建筑采暖供热的能源使用形式又各不相同，但主要还是以太阳能、热泵（空气源、地源、水源）、电锅炉、燃油锅炉、燃气锅炉等较为普遍[1]。其中云南、广东、广西等主要采用太阳能，四川、贵州、重庆等以空气源热泵居多，

---

① 郭娜娜：《南方采暖的跨界与混搭》，中国太阳能热利用行业年会暨高峰论坛论文，2013 年，第 40—41 页。

湖南、湖北、江西等则以天然气为主。（见图8）

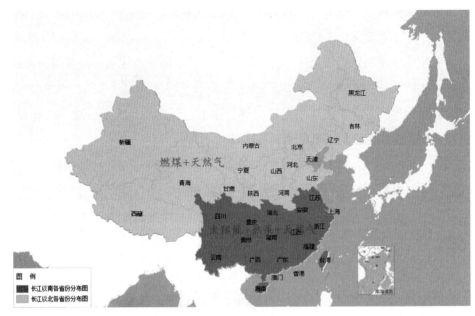

图8 我国能源形势分布图

在清洁能源中，太阳能、空气能、电能不但是可再生能源，而且作为城市建筑采暖供热的能源形式其经济性价比也是不容小觑的。经过十多年的发展，以这几种为能源形式的建筑采暖供热，已得到社会认可，并广泛使用及普遍推广。尤其各地政府不断推进清洁能源采暖供热，伴随相关政策的颁布与实施，南方地区逐步成为采暖供热市场的新热土。

五、我国长江以南地区城市建筑采暖供热发展的新思路

（一）各清洁能源的性价比分析

鉴于南方各城市由于自然环境差异、能源价格偏差、生活习惯迥异等各种因素造成了城市建筑采暖供热的能源形式的多种多样。无论采用何种清洁能源，唯有采用可再生能源及无污染能源才是发展的王道。我们列举了较为常见且安全可靠的几种能源通过加热水的方式做如下分析比较：（见表1）

图 7 清洁能源在长江以南城市采暖供热应用中的试行及推广

表 1 各种清洁能源吨水加热费用对比表

能源加热方式	太阳能	太阳能+热泵	空气源热泵	电锅炉	燃油锅炉	煤气锅炉	天然气锅炉
能源种类	太阳能	太阳能+电	电	电	柴油	煤气	天然气
燃值	/	/	860kcal/kwh	860kcal/kwh	10200 kcal/kg	4000 kcal/m³	8500kcal/m³
热效率	/	/	350%	95%	85%	80%	90%
有效热值	/	/	3010kcal	817kcal	8760kcal	3200kcal	7650kcal
能源单价	/	/	0.66 元/kwh	0.66 元/kwh	6.60 元/kg	3.00 元/m³	2.72 元/m³
吨水加热费用	0.00 元	2.80 元	10.39 元	36.35 元	34.26 元	42.19 元	16.00 元
人工管理费用	低	较低	较低	较高	高	高	高
安全性能	安全	安全	安全	不安全	不安全	不安全	不安全
环境污染情况	无	无	无	无	比较严重	严重	严重
热水使用保障	天气晴好	全天候	全天候	全天候	全天候	全天候	全天候
设备使用年限	15-20 年	10-20 年	10-15 年	5-8 年	6-9 年	6-9 年	6-9 年

注：①初始水温为 15℃，加热水温以 60℃为计算依据。

②实际费用以当地能源单价进行计算为准，本表以云南昆明市能源单价为例。

通过以上数据分析，我们可以看出在确保全天候 24 小时不间断使用热水的前提下，"太阳能联合热泵的供热水系统"是性价比最高的，更重要的是其性能安全、运行稳定、对环境无任何污染。所以太阳能联合空气源热泵的能源形式是存在较大优势的，从长远发展来看亦是最优先值得推广的。

（二）清洁能源推广的技术背景

开发新能源、利用可再生能源、节约现有能源和提高能源的利用率已成为 21 世纪人类发展的重要课题之一，目前在各种供热水的装置中，太阳能热水器以其零运行费用、清洁、环保、安全，不消耗其他能源等优势而被广泛使用。但是太阳能热水器由于利用的是太阳的辐射热能，则存在"靠天吃饭"的弊端，即当天阴、下雨时，不能提供强有力的热力保障，因此受天气影响较大，满足不了人们高生活质量标准的要求，而现实生活中，尤其是商用领域的宾馆、饭店、招待所等场合，不论天阴、下雨，都需要按时提供生活卫生热水，此种情况下的太阳能热水器就不能满足市场需求。为此，人们在配备太阳能热水器的基础上，还需另配热泵或锅炉等辅助加热装置。

众所周知，锅炉因其耗煤耗气、污染环境而被其他加热设备所代替。随着热泵热水器技术的成熟，因其自身具有的高能效比，仅消耗部分电能，便能从空气中吸收大量的热能，且受天气影响小等诸多特点，在市场上逐步取代了各种燃煤、燃气、燃油加热设备以及耗能大的电锅炉等加热装置，是一种节能环保的热水装置。但热泵热水器再怎么节能，仍然不能与太阳能热水器的"零"运行费用相提并论，它仍属于耗能产品。但是我们将太阳能与空气源热泵通过一定的技术手段把二者贯穿融合在一起，取长补短，互融互辅，就可以把两种能源形式的优势发挥极致，既保证了热水得以充分使用，降低了能耗成本，又不对空气造成污染。这种技术的融会升级就是将清洁能源中的可再生能源更加得以运用和推广。

（三）太阳能联合热泵供热推广的可行性

1. 太阳能资源区域划分

南方地区除了四川、重庆及贵州属于太阳能资源贫乏区外，其余地区均在资源一般区域或以上（见表2）。也就是说南方绝大多数地区是可以最大限度

表2　太阳能保证率推荐表

资源区划分	年太阳辐照量 MJ/（m². a）	地区	太阳能保证率
I 资源丰富区	≥6700	宁夏北、甘肃南、新疆东南、青海西、西藏西	60%—80%
II 资源较富区	5400—6700	冀西北、京、津、晋北、内蒙古及宁夏南、甘肃中东、青海东、西藏南、新疆南	50%—60%
III 资源一般区	4200—5400	鲁、豫、冀东南、晋南、新疆北、吉林、辽宁、云南、陕北、甘东南、粤南、湘、桂、赣、江、浙、沪、皖、鄂、闽北、粤北、陕南、黑龙江	40%—50%
IV 资源贫乏区	<4200	川、黔、渝	≤40%

注：此表摘自中国建筑标准设计研究院组织编制：《太阳能集中热水系统选用与安装》（图集），中国计划出版时间2006年版。

图 7 清洁能源在长江以南城市采暖供热应用中的试行及推广

地利用太阳能供热的。能够使用可再生能源是符合国家能源经济发展的初衷的。使用清洁能源，降低能耗，减少排放，治理雾霾，还子孙后代一片白云蓝天。

2. 热泵技术的节能效果

热泵技术是近年来在全世界倍受关注的新能源技术。人们所熟悉的"泵"是一种可以提高位能的机械设备。而"热泵"是一种能从自然界的空气、水或土壤中获取低品位热能，经过电力做功，提供可被人们所用的高品位热能的装置。

热泵实质上是一种热量提升装置，工作时它本身消耗很少一部分电能，却能从环境介质（水、空气、土壤等）中提取4—7倍于电能的装置，提升温度进行利用，这也是热泵节能的原因。热泵技术的先进性包括：（1）节能：热效率350%，运行费用是燃气、燃油锅炉的1/3，是电热水器的1/4；（2）安全：水电分离，无漏电危险；（3）适用：-5℃—50℃环境；（4）环保：无废热、废水、废气。

3. 太阳能联合热泵供热推广的划分

太阳能联合热泵作为长江以南城市建筑采暖供热应用中的试行及推广是可行的。我们要大力推广并在政府相关部门的扶持下，改变由于各区域人们对能源使用不当的思想，同时通过改善能源结构，让人们享受到节能带来的实惠。

通过相关数据计算并结合大量项目实践经验，同时依据各地区调查结果显示，我们建议长江以南城市太阳能联合热泵供热推广的划分为下：（见表3）

表3 长江以南城市清洁能源使用形式划分表

序号	能源形式	地区	备注
1	太阳能联合热泵	云南、广东、广西、海南、福建、浙江、江苏、安徽、	未含港澳台地区
2	天然气联合热泵	四川、重庆、贵州、湖南西部、湖北南部、上海	未含港澳台地区
3	天然气+电能	湖南北部、湖北西南部	未含港澳台地区
4	太阳能+电能	云南西北部（香格里拉、丽江、昭通）、四川西北部（阿坝、甘孜地区）	未含港澳台地区
5	太阳能+天然气	广东、广西	未含港澳台地区

六、清洁能源试行及推广的社会意义和发展前景

（一）太阳能联合热泵推广的社会意义

现代城市的核心是能源系统、营养系统、文化系统组成的，绿色生态人居——太阳能联合热泵供热水加热装置设计要求将这三者和谐统一。太阳能联合热泵供热系统强调设计的系统性，而不是简单的随意组合，强调控制的合理性，而不是过于前沿却实用性差；强调环保与节能的实效性，而不是沽名钓誉的技术革新。另外，太阳能热水器与热泵热水机组（空气源、地源、水源等）完美结合需解决的问题值得注意的是太阳能热水器要体现效率的最大化，必须做到：在天气条件较好的情况下仅由太阳能热水器工作，而热泵停止工作；在天气条件不理想的情况下，应最大限度地使用太阳能热水器，若太阳能热水器未能达到使用要求，则才能启动热泵热水机组，以规避太阳能和热泵双重加热的现象。近年来各地政府制定在建筑物上安装太阳能热水器的优惠政策，鼓励安装太阳能；要求太阳能热水器与辅助热源结合的相关技术标准规范。绿色生态住宅寻求环保、节能与人三者之间的和谐统一。在"以人为本"的基础上，利用自然条件和人工手段创造一个有利于人们舒适、健康的生活环境。在住宅健康化发展态势下，太阳能联合热泵供热技术也日益成为房地产业、商务旅游业及工业关注的焦点。

（二）太阳能联合热泵发展前景

太阳能联合热泵供热水加热装置属于一次性投资，虽然购买时比电、燃气热水器等昂贵，但在使用过程中不再投资，且安全可靠，操作简单方便，综合计算，太阳能联合热泵供热水加热装置经济性价比最高，投资最少。而众多投资公司认为：屋顶安装太阳能热水器既不安全又影响了整个小区统一的建筑风格。大好形势下隐藏着诸多不利因素，是应该引起业内外人士注意的，对隐藏的问题尽早采取措施，才能保证大好形势健康发展，使太阳能事业在发展过程中少走弯路。随着行业的发展，技术的进步和人民生活水平的提高，建筑能耗

也随之的提高，日益成为能源供给的沉重负担，因此对太阳能联合热泵供热系统的充分利用具有重要的经济、社会意义和能源安全的战略意义。太阳能联合热泵供热系统的要尽量合理和优化配置有限的资源，以节能降耗为重点，以低投高报为目标。它属于太阳能利用技术的重大革新①。面对当今的"金融危机""能源危机""经济萧条"此项目不但能解决能源危机，而且能带动经济复苏，一劳永逸，利国利民。

七、发展清洁能源的建议与对策

（一）全面建立能耗监测平台

近期住建部对建筑能耗平台开始验收和评估，目前只是对部分建筑进行能耗监测，扩大到对所有建筑物进行监测，可以充分利用这个平台的数据库，进行能耗监测、分析并开展合理的管控。对新建建筑和既有建筑，包括公共建筑和居住建筑，必须建立能耗监测平台，提高建筑能效标准。对未建立能耗监测平台的建筑不予审批和勒令整改。

比如：山东、北京、云南、上海、湖南、湖北、深圳、广州、浙江、重庆、天津、江西、江苏、四川、新疆等绝大部分省份均已查到已建立相关能耗监测系统省市级平台。

（二）制定建筑能耗标准

因我国国土面积比较大、气象条件也不尽相同，不同的城市能源供应结构不一样，比方说云南省电力资源比较丰富，随着中缅油气管道的开通，天然气也会比较丰富，比如说四川天然气就比较丰富；沿海城市电力普遍紧张，每个地方是不一样的。我们可以具体地对城市建筑物进行分类，按照每一类别进行标准的制定，首先你得制定每一栋建筑物的标准。根据建筑的使用功能和用能特

---

① 赵红伟、胡明辅、李勇：《太阳能热泵技术及其研究进展》，《能源与环境》2008 年第 2 期，第 83—84 页。

点，基本上有（1）办公建筑；（2）商场建筑；（3）宾馆饭店建筑；（4）文化教育建筑；（5）医疗卫生建筑；（6）体育建筑；（7）综合建筑；（8）其他建筑。分行业类别来说，比如说酒店、学校、医院等等；酒店类，我们可以制定出每一平方米每年的能耗是多少；医院类，每一平方米的能耗是多少；学校类，每个人每年的年能耗是多少；关于基准能耗，就按照目前当地水平、不同城市的电价、天然气的价格来制定，建立起每个城市不同类别建筑物的能耗标准[①]。

总的来说，就是每一个城市的标准要因地制宜，每一个类别的建筑物的标准具体情况具体制定。

（三）对新建项目建设按照"零"能耗建筑标准建造

按照建筑物的不同类别，从新建建筑的设计标准、投资建设、建筑节能检测、能耗统计、施工验收、评价标识、使用维护和运行管理均按照"零"能耗标准建设及运营；建区域"智慧能源站"，提供冷源、热源、电源和水源，使新建建筑从规划、设计就按照近"零"能耗标准设定，达到采暖、通风、空调、照明、动力、通讯、生活热水等设施的零能耗运行，最终建成超低能耗或"零"能耗新建建筑。

（四）对既有高能耗建筑的改造

除对新建建筑实行较高节能标准外，对既有建筑的节能改造也应重视。一方面制定有关规章制度，从政策层面加以引导，例如，可设定能源效率规定，每年要对3%的公共建筑进行节能改造；另一方面通过设立专门的基金，提供低息贷款等方式，加大资金投入，推动旧房节能改造。改造目标主要包括提高建筑舒适度、降低建筑能耗、减少环境污染等。改造内容包括增加建筑外保温设施；更换高效门窗；对供热系统进行了大规模改造，拆除煤供热锅炉，安装燃气锅炉和燃气发动机热电联产装置；将居民的燃气热水器改为供热公司集中供应热水；改造楼内采暖系统，安装新的散热器和自动温控阀等。

---

① 崔跃：《公共建筑节能设计标准修订过程中有关温和地区问题的一场讨论》，《云南建筑》2015年第4期，第138—143页。

（五）对能源消费实行阶梯式收费

比方说：有的用能单位，他不在乎节能，这时候我们该如何呢？就设定阶梯收费模式。不能说你有钱就任性，有钱也不能任性，因为能源是稀缺资源，那么我们按照一个基准能耗来收费，超过部分就进行一个阶梯式收费，跟现在居民的阶梯电价、阶梯水价一样，同样也可以推广到全社会，当然也包括工业领域。

节能主要还是要通过市场行为推动为主，让低能耗单位收益、高能耗单位付出经济代价。

（六）高能耗单位设定整改达标期限

每个城市建立监测平台制定能耗标准，明确能源消费阶梯式模式的基础上，还应制定城市整改规划，对不同的建筑都应发出通知，设定整改达标期限。对期限内达标的建筑进行奖励，超期限仍不达标的建筑进行处罚。

（七）对设定期限三年内能够达标的建筑给予改造补贴

三年之后如果仍是高能耗建筑，不仅不给补贴，除了对该高能耗项目进行一个高收费之外，还必须进行处罚。

（八）对现有城市供暖供热公司制定生产标准、提高可再生能源的占比

据不完全统计，我国供热产业热源总热量中，热电联产占 62.9%、区域锅炉房占 35.75%、其他占 1.35%。随着经济的迅速发展，作为城市基础设施的热力网输送热能系统发展很快，全国设有集中供热设施的城市已占到 42.8%，尤其是"三北"地区 13 个省、市、自治区的城市全部都有供热设施，形成了较大规模，并正在向大型化发展。全国城市集中供热面积中，民用住宅建筑面积占 59.76%、公共建筑面积占 33.12%、其他占 7.11%。目前，我国城市供热绝大多数以保证城市冬季采暖为主，用于生活热水供应仅是很少一部分，用于夏季供冷就更少了。城市供热已从"三北"（东北、华北、西北）向山东、

河南及长江中下游的江苏、浙江、安徽等省市发展。各地区都努力从现有条件出发，积极调整能源结构，研究多元化的供热方式，实现供热事业的可持续发展。（见图9—图15）

目前供热公司采暖供热主要采用化石能源（煤、油、天然气）进行热水的生产，能耗高、污染大、生产成本高、居民使用费用高，与德国、丹麦等低能耗国家相比，节能空间十分巨大。

因此，对于城市的采暖供热，首先应禁煤、禁油，并逐步减少对天然气的依赖，推行清洁能源逐步替代化石能源，不断地提高可再生能源的占比，尤其是城市供热公司应在生产热水时，应以清洁能源或可再生能源为主。充分利用水源热泵、地源热泵、空气源热泵、余热回收、低谷电、PCM蓄能站、互联网等技术与城市管廊、海绵城市相结合，降低每一吨热水的生产成本，降低每千瓦时的供热成本，逐步摆脱对国家补贴的依赖扭亏为盈，直至降低居民的供热使用费用。

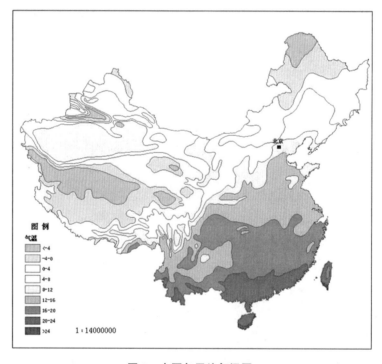

图9　中国年平均气温图

图 7 清洁能源在长江以南城市采暖供热应用中的试行及推广

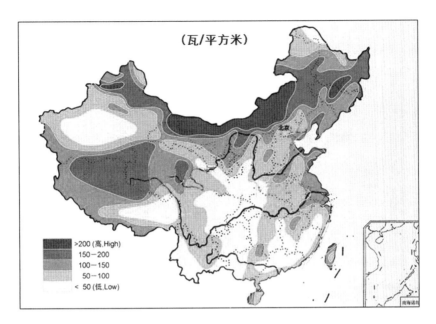

图 10 中国年平均风功率密度分布图

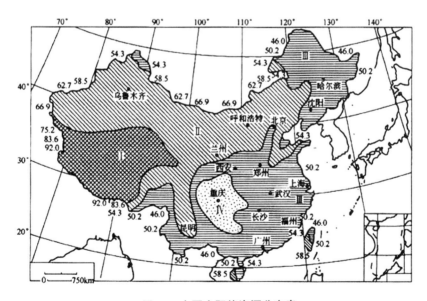

图 11 中国太阳能资源分布表

注：资源带号 名称 指标 I 资源丰富带 6700MJ（m2.a）；II 资源较富带 5400 -
6700MJ/（m2.a）；

III 资源一般带 4200-5400MJ/（m2.a）；IV 资源贫乏带 < 4200MJ/（m2.a）。

181

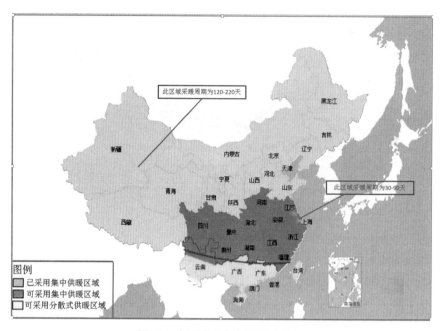

图 12　中国城市集中采暖分布图

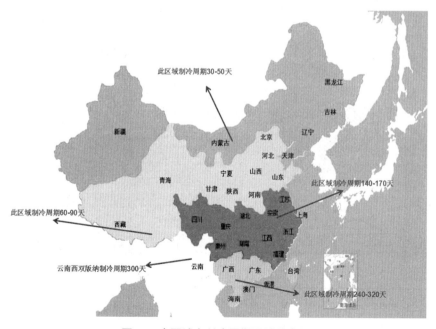

图 13　全国城市制冷周期区域分布图

图 7　清洁能源在长江以南城市采暖供热应用中的试行及推广

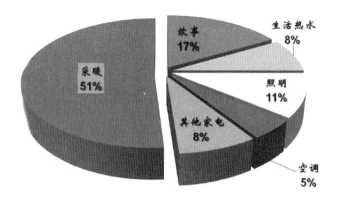

图 14　北京建筑能耗分布图

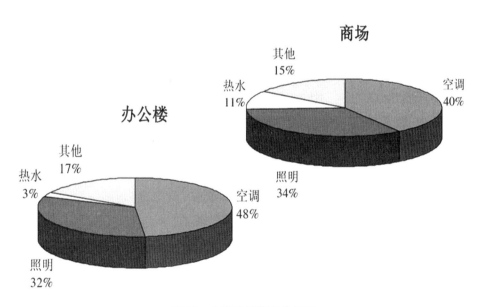

图 15　上海建筑能耗分布图

（九）对城市采暖供热公司进行多方面引导

1. 加大对新能源产业的扶持力度

加大对新能源产业的扶持力度，特别是建筑节能服务产业。通过市场化运作，对采暖供热的项目采用清洁能源尤其是可再生能源加大补助力度：（1）

为推行清洁能源，提高可再生能源占比，对供热公司进行升级改造，设备投入给予补助；（2）对供热公司设定达标时限，对到期不达标进行处罚；（3）对改造的单个项目进行补贴。

2. 制订特殊的税收政策

制订特殊的税收政策，在税收上给予优惠，原来实行的免营业税、免所得税（三免三减半）应继续实行。流程应尽可能简化，关键要放宽免税条件，不仅仅局限于节能效益分享型。

3. 设立城市供冷供热专项基金

设立城市供冷供热专项基金，该专项基金主要用于对新型节能公司进行扶持。那么这类的新型公司应充分利用太阳能光伏、太阳能光热、太阳能制冷、水源热泵、地源热泵、空气源热泵、余热回收、低谷电、PCM 蓄能站、互联网等技术并与城市管廊、海绵城市相结合，为一座城市综合提供制冷、采暖、热水供应，为如何提高我国在城市供冷供热中清洁能源及可再生能源的占比走出一条新的路子来。

八、结语

建筑节能是我国节能工作的一个重要领域，是一项复杂的系统工程，涉及规划设计、建设施工、建筑节能产品等多个环节，甚至延伸到整个建筑的全周期。大力推行清洁能源，尤其是提高可再生能源的占比，是可以为降低建筑能耗、提升能源效率、改造能源结构的实现提供强有力保障的。既贯彻了国家可持续性循环低碳经济发展的政策，又构建了运转良好、开放、竞争、高效、稳定和透明的能源市场。

从宏观角度来看，推行清洁能源在我国长江以南城市采暖供热中的应用，一方面可以降低建筑能耗，缓解当前能源紧张的局面；另一方面还可以减少环境污染，改善大气环境，对保护和净化环境十分有利。根据国家提出的近五年建筑节能工作目标，按照五年建筑累计节约和少用能源共 10 亿吨标准煤计算，相当于减排粉尘 1363 万吨，减排灰渣 2.2 亿吨，减排二氧化硫 1397 万吨，减排二氧化碳 4.4 亿吨（以碳基计算）。从夏热冬暖地区来看，能耗总量约占全国的25%左右，建筑节能同样具有十分显著的社会经济效益，对节约能源、保护环境的作用十分重大，是社会经济可持续发展的重要保证。

　　总体来说，通过市场行为、经济手段促使大家愿意节能、必须节能、只能节能。全社会为了降低建筑能耗，就不得不改善能源结构形式、提升能源使用效率、提高清洁能源或可再生能源占比，使城市能源使用效率提高，最终远离污染、远离雾霾，让水更清、山更绿、天更蓝、生活更美好。让我们一起努力，使我国的建筑节能成为世界领先水平，最终实现非化石能源占比100%，实现零排放和零污染，形成人与自然和谐发展，实现美丽中国。

B 8

北京市地热能资源开发利用研究报告

黄学勤　郑　佳　王　瑶　李　娟　杜境然[①]

摘　要：

为积极应对全球气候变化与资源环境约束的新挑战，建设低碳城市成为首都未来发展的战略方向，开发利用地热能资源是首都实现节能减排的重要措施之一。北京市地热能具有十分巨大的开发潜力，利用前景广阔。按照习总书记对环境治理提出的要求，立足北京市地热能资源条件、产业优势和城市需求，以创新发展地热能资源开发利用技术为支撑，进一步拓展地热能应用领域、扩大应用规模、提高利用效率，对于促进北京市构建安全、稳定、经济、清洁的现代能源产业体系，改善能源消费结构，加大大气污染治理力度，均起到了十分重要的作用。

关键词：

深层地热能　浅层地温能　地源热泵　开发利用

---

① 黄学勤，北京市地热研究院院长、北京市华清地热开发集团有限公司董事长，教授级高工，主要从事清洁能源研究、利用与开发工作。郑佳，北京市地热研究院浅层地温能室主任，教授级高工，主要从事浅层地温能资源利用关键技术研究工作。王瑶，北京市华清地热开发集团有限公司企划部经理，从事地热"两能"技术应用推广及科普工作。李娟，北京市地热研究院高级工程师，从事浅层地温能资源勘查评价工作。杜境然，北京市地热研究院工程师，从事浅层地温能资源环境影响研究工作。

一、前　言

（一）地热资源特点及发展前景

1. 地热资源特点

根据《地热资源地质勘查规范》定义，地热资源是能够经济地被人类所利用的地球内部的地热能、地热流体及其有用组分。广义上可分为深层地热能和浅层地温能。

深层地热能通常是指埋藏于地表以下、含有一定温度的自然资源（温度大于25℃），其包含蒸汽型、干热岩型、热水型等多种形态。

浅层地温能是指蕴藏在地表以下一定深度（一般小于 200 米）范围内岩土体、地下水和地表水中具有开发利用价值的一般低于 25℃ 的热能。浅层地温能有埋藏浅、储量巨大、可再生、可就近利用、不受地域限制等特点，是理想的"绿色环保能源"。

2. 地热资源发展前景

能源与环境问题是一直困扰世界各国可持续发展的重大问题。进入 21 世纪，节约能源、开发新能源、减少环境污染和走可持续发展道路受到越来越多的关注，各国均在大力寻找和开发环保可再生能源，我国也必须面对和解决同样的问题。地热资源具有可再生、环保、清洁、储量巨大的特点，近年来在我国逐渐被人们认识、接受和重视。为积极应对全球气候变化与资源环境约束的新挑战，建设低碳城市成为首都未来发展的战略方向，开发地热资源是首都实现节能减排的重要措施之一。北京市深层地热能及浅层地温能资源具有巨大的开发潜力，利用前景十分广阔。

北京地区蕴藏有丰富的深层地热能资源，在北京市平原区地热普查工作中圈定了 8 个地热田，21 世纪初期地热资源可持续利用规划在原有 8 个热田基础上，又新增了 2 个地热田，使北京市地热田的数量达到了 10 个。目前深层地热能资源被广泛地应用于洗浴、娱乐、采暖、种植、养殖及医疗保健等。多年实践表明，开发利用深层地热能具有十分显著的社会、经济和环境效益，在发展国民经济中已显示出越来越重要的作用。[1]

与深层地热能相比，浅层地温能分布广泛、储量巨大、再生迅速、采集方便，开发利用价值更大。地下浅部地层是一个庞大的恒温系统，冬、夏两季地下地层与外界空气存在反差，是一种取之不尽，用之不竭的自然资源，可供人类长期使用。[2] 地源热泵换热技术是开发利用浅层地温能的主要手段，该技术在20世纪90年代后期得到快速发展。北京市是我国浅层地温能资源开发利用最早的城市之一，从1999年开始，地下水地源热泵系统和地埋管地源热泵系统等多种浅层地温能资源利用方式逐步在一些宾馆、医院、学校、办公楼项目得以应用。近年来，北京市政府相继出台了一系列优惠鼓励政策，在市场需求推动及国家和市政府的重视支持下，浅层地温能资源应用的领域越来越广泛，获得了良好的社会、经济和环境效益，社会认知程度越来越高，地源热泵项目数量及服务面积呈逐年增长的趋势，为北京市节能、减排工作做出了积极的贡献。

积极开发利用地热能资源对优化北京市能源结构，减缓资源压力，实现供热多元化具有重要意义，在未来的城市发展建设中，地热能资源的需求会日益增加。

（二）促进地热资源发展所做工作

地热资源与其他矿产资源以及其他可再生能源相比，在开发利用方面具有明显的节能环保、高效利用和价廉量稳的优势。北京市政府十分重视和支持引导地热能等清洁能源的开发利用，提出了一系列的发展规划和支持政策：

1. 2005年1月，《北京市城市总体规划（2004—2020年）》对能源利用提出了"因地制宜地发展新能源和可再生能源。积极发展新能源，推广热泵技术"的指导原则和目标。

2. 2006年6月，由北京市发展和改革委员会、规划委、建委、市政管委、科委、财政局、水务局、国土局、环保局等九委（局）联合颁布《北京市发

---

① 北京市地质矿产勘查开发局：《北京地热》，北京：中国大地出版社2010年版。

② 北京市地质矿产勘查开发局：《北京浅层地温能资源》，北京：中国大地出版社2010年版。

展热泵系统的指导意见》，鼓励发展的热泵包括：再生水源热泵、土壤源热泵、地下（表）水源热泵，并对北京市今后加强和规范热泵系统的管理做出明确规定。

3. 2006 年 12 月，《北京市"十一五"时期地质勘查发展规划》提出："将加大地热能、浅层地热能等可再生资源的开发利用力度，到 2010 年新能源和再生能源占能源消费总量的比重争取到 4%"。"要加强平原区已知地热田外围地质的勘查、增加地热资源储量、开展地热资源空白区的勘查评价"。完成规划新城和新农村建设的综合地质勘查、地热资源勘查。

4. 2007 年 1 月，北京市召开的"2007 年北京市发展和改革工作会议"，确定 230 亿元政府资金重点投向八大领域，其中明确了要"加大能源、水资源开发、资源节约利用、生态环境治理等项目的支持力度"，拟投资 22 亿元。

5. 2011 年 12 月，北京市发改委发布《北京市"十二五"时期新能源和可再生能源发展规划》，这是北京市首次编制并发布新能源和可再生能源发展专项规划，提出到 2015 年实现热泵供暖面积达到 5000 万平方米。

6. 2013 年 5 月，北京市政府颁布了《北京市人民政府办公厅关于印发发展绿色建筑推动生态城市建设实施方案的通知》（京政办发【2013】25 号），确定了"建设绿色生态示范区"以及"可再生能源利用"等项措施。

7. 2013 年 12 月，北京市发展和改革委员会制定了《关于北京市进一步促进地热能开发及热泵系统利用的实施意见》明确提出："本市鼓励新建公共建筑、工业厂房和居民住宅楼使用热泵供暖系统，支持燃煤、燃油供暖锅炉利用热泵系统进行清洁改造；重点推进余热、土壤源、再生水（污水）热泵和深层地热资源的开发利用。"

8. 2014 年 11 月在针对较为严重的大气污染情况，北京市已联合周边省市共同响应国家将实施的"京津冀及周边大气污染防治行动计划"，该行动计划倍受市政府重视。

9. 2015 年 5 月，北京市政府印发了《北京市进一步促进能源清洁高效安全发展的实施意见》文件，"文件"要求进一步调整优化能源结构，提高能源利用效率，加快构建本市清洁、高效、安全、可持续的现代能源体系，加快发展热泵供暖，推进地埋管热泵系统的开发利用。

可见，地热资源开发利用技术是政策大力支持的清洁能源技术，开发利用地热资源是落实北京市人民政府相关文件，践行北京市相关政策，依据本市能源禀赋条件开展的推进清洁能源体系的行动。

二、地热能资源勘查工作成果

（一）浅层地温能资源勘查成果

北京市目前已开展了两轮浅层地温能资源勘查评价工作，划分了北京市平原区浅层地温能资源开发利用适宜性区域，获得了部分浅层地温能资源量评价的相关参数，并对北京市浅层地温能资源开发利用潜力进行了初步评价，对于掌握了解北京市浅层地温能资源赋存背景和资源量的初步评价发挥了重要作用。

根据已有工作成果，北京市平原区地下水地源热泵系统适宜区和较适宜区主要位于永定河冲洪积扇、潮白河冲洪积扇和拒马河冲洪积扇的中上部，地埋管地源热泵系统地质条件适宜区和较适宜区位于各冲洪积扇中下部，各水源地保护区和地面沉降较大区为地下水地源热泵工程禁建区。[①] 考虑到北京市土地资源的有限性以及水资源的稀缺，在既适宜地下水地源热泵系统又适宜地埋管地源热泵系统的区域，宜优先采用地埋管地源热泵系统。结合北京市建筑负荷需求情况和浅层地温能资源赋存条件，北京市平原区采用地下水地源热泵系统冬季可为建筑供暖的面积约 7262 万平方米，夏季可为建筑制冷的面积约 6063 万平方米；采用地埋管地源热泵系统冬季可为建筑供暖的面积约 64874 万平方米，夏季可为建筑制冷的面积约 44132 万平方米。[②]

（二）深层地热能勘查成果

北京市深层地热能资源勘查始于 20 世纪 50 年代中期，最先于小汤山温泉周边地区的勘查，目的是为小汤山疗养院的建设提供资源依据。70 年代初期，

[①] 北京市地质矿产勘查开发局：《浅层地温能资源评价》，北京：中国大地出版社 2010 年版。

[②] ZhengJia, Yu Yuan, Liu Shaomin, "Research on Large Scale Application of Shallow Geothermal Resources in Beijing," *World Geothermal Congress*, 2015.

在著名地质学家李四光先生的倡导下，开始了平原区深部地热资源的勘查，陆续开展了东南城区、小汤山外围、良乡、李遂、首都机场、延庆等地的勘查。

北京市地热资源主要分布于北京市平原地区，属盆地传导型中低温地热田，主要热储层为蓟县系雾迷山组硅质白云岩，全区均有分布；其次为寒武-奥陶系灰岩，见于立水桥、小汤山东南及凤河营等局部地区。地热资源属热水型，温度范围为 25—117℃，地热水多为矿化度在 500—700mg/L 之间的重碳酸—硫酸钠型水，氟、偏硅酸含量较高，多数为氟、偏硅酸医疗热矿水，另外，还含有一定量的其他微量元素，因此北京市地热水开发除作为能源利用热能外，还有一定的医疗、保健、养生作用，但不宜直接饮用。《北京市地热资源可持续利用规划（2006—2020 年）》中将深度 3500 米内、热储温度大于 50℃的区域，划分为相对独立又有一定联系的 10 个地热田及外围潜力区，它们多是以区域性构造断裂为边界，包括延庆、小汤山、后沙峪、京西北、天竺、李遂、东南城区、双桥、良乡、凤河营热田等。已有研究成果采用对井功率法对北京市十个地热田的可再生资源量重新进行了估算，在 2759.87 平方公里范围内，采用对井抽灌方式且地热水 100%回灌条件下，抽灌井间距为 300 米时，十个地热田范围内地热能可提供的供暖面积为 3.01 亿平方米。[①]

三、地热资源开发利用现状

（一）浅层地温能资源开发利用现状

地源热泵系统是北京市浅层地温能资源开发利用的主要形式，根据地热能交换系统形式的不同，地源热泵系统分为地表水地源热泵系统、地下水地源热泵系统和地埋管地源热泵系统。

地表水地源热泵系统是利用地球表面的水源，如河流、湖泊或水池中的低温热能资源，采用热泵原理，通过少量的高位电能输入实现低位热能向高位热

---

① 李宁波、冉伟彦、于湲、杨俊伟：《一种地热能可再生资源量的新算法——以北京为例》，《城市地质》2015 年第 2 期，第 1—4 页。

能转移的一种技术。

地下水地源热泵系统采用地下水作为冷（热）源，通过抽取地下水，利用地下水全年温度保持恒定的特点，与主机冷凝器或蒸发器进行热交换，或通过板式换热器与冷凝器产生的高温热水（夏季运行时）或蒸发器产生的低温冷水（冬季运行时）进行热交换，然后将置换冷量或热量的地下水全部回灌到同一含水层中。与地埋管换热系统相比，地下水换热系统主要通过热对流方式换热，出水温度稳定。地下水地源热泵系统由于采用地下水作为冷（热）源，其应用受水文地质条件的限制较大，特别是近年来对水资源政策要求越来越严，其使用进一步受到制约。[①]

地埋管地源热泵系统是通过传热介质在密闭的竖直或水平地埋管中循环，利用传热介质与地下岩土层、地下水之间的温差进行热交换，实现对建筑物的供暖和制冷，进而达到利用浅层地温能的目的。地埋管地源热泵系统需根据冷、热负荷大小钻凿数量众多的钻孔，下入有一定强度、抗腐蚀和传热性能好的密闭循环管，然后将所有循环管连接起来进入机房和主机。区别于地下水地源热泵系统主要通过对流散（吸）热，地埋管地源热泵系统主要通过传导与地下岩土体、地下水之间散（吸）热，因此热交换效率低于地下水地源热泵系统。地埋管地源热泵系统分为水平埋管式系统和垂直埋管式系统，由于北京市土地资源的有限性，近年来垂直埋管式地源热泵系统被大力推广应用。与传统空调系统和地下水地源热泵系统相比，地埋管地源热泵系统初投资较高，且占地面积较地下水地源热泵系统大。但是，由于地埋管地源热泵系统不从地下取水，从理论上讲对地下环境影响较地下水地源热泵系统小，具有绿色环保、高效节能、运行成本低、一机多用、技术成熟、应用范围广等特点，未来应用前景广阔。

截至 2012 年底北京市地源热泵项目数量已达到 1042 个，实现供暖面积 3276 万平方米。其中地下水地源热泵项目 876 个，实现供暖面积 2506 万平方米；地埋管地源热泵项目 157 个，实现供暖面积 702 万平方米；地表水地源热

---

① 李宇、张远东、魏加华：《利用水源热泵开采浅层地热能若干问题的探讨》，《城市地质》2007年第 3 期，第 11—16 页。

泵项目9个，实现供暖面积68万平方米。北京市地源热泵项目分布不均，规模大小不一。地下水地源热泵项目主要分布在海淀、朝阳、丰台、顺义四区（图1）；地埋管地源热泵项目主要分布在顺义、海淀、昌平、大兴四区（图2）。

已有浅层地温能资源开发利用项目中，建筑类型以公共建筑为主，包括办公楼、商业建筑、工业厂房、教学楼、居民建筑、旅馆酒店、卫生建筑以及文化与体育建筑等（图3），其中办公和商业建筑、居民建筑以及教育建筑所占比例较大，约占总服务面积的83%。项目规模不等，1—10万平方米的建筑居多，最大项目规模为49万平方米。

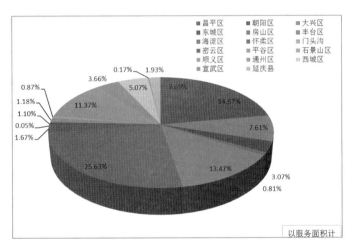

图1　北京市地下水地源热泵项目分布百分比图

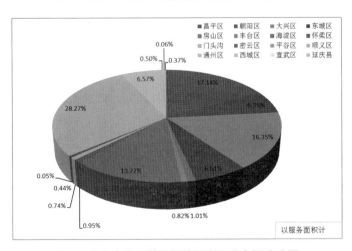

图2　北京市地埋管地源热泵项目分布百分比图

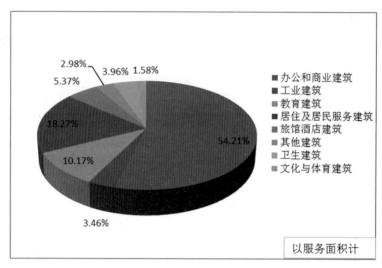

图3　北京市地源热泵项目服务建筑类型百分比图

近年来，浅层地温能开发利用发展迅速（图4），据不完全统计，截至2014年底，北京市应用浅层地温能供暖制冷的建筑面积约4000万平方米，其节能减排效果显著。

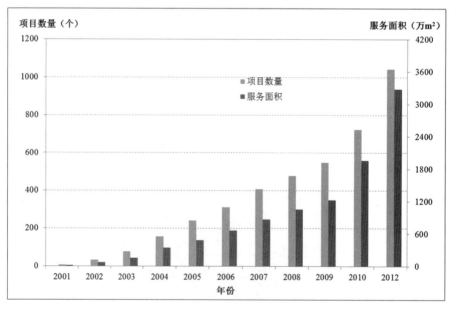

图4　北京市浅层地温能开发利用项目数量及服务面积发展趋势图（2001—2012年）

（二）深层地热能开发利用现状

我市深层地热资源主要分布于平原地区，自 20 世纪 90 年代末，深层地热能利用发展迅速，地热井数量以 20—30 眼/年的速度增长。近年来，为了减少空气污染，政府大力推广清洁能源应用，进一步推进了深层地热开发利用。

截至 2013 年底，北京市已实施地热钻井 496 眼，最大单井深度已超过 4000 米，最高出水温度 117℃。从已有开发利用情况来看，北京市已有地热井开采主要集中在小汤山，京西北，天竺，东南城区，良乡这几个地热田，地热资源开发程度相对较高（图 5）。

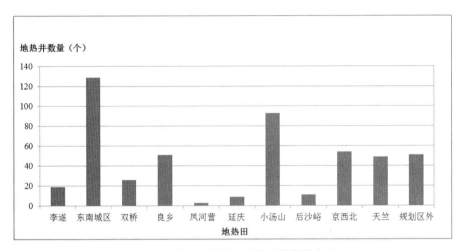

图 5 北京市各地热田地热井数量分布图

2013 年全市地热水开采总量达 1221. 48 万立方米，回灌量达 558. 78 万立方米，净开采量达 662. 69 万立方米。在各地热田中，小汤山地热田开采量最大，2013 年开采量为 404. 08 万立方米，占全市总量的 33%，其次是东南城区地热田，2013 年开采量为 231. 29 万立方米，占全市总量的 19%。

北京市地热资源开发主要用于地热采暖、洗浴、医疗保健、农业温室种植养殖等方面。2013 年北京市地热水开采量中用于供暖开采量约 589. 97 万立方米，占开采总量的 48. 3%；用于温泉洗浴用水量约 65. 96 万立方米，占开采总量的 5. 4%；用于行政事业单位及民用生活水量约 439. 73 万立方米，占开采总量的 36%；用于养殖水量约 2. 44 万立方米，占开采总量的 2. 4%；用于温泉洗浴用水量约 65.96 万立方米，占开采总量的 0.2%（图 6）。截至 2013 年北京市已有地热能供暖项目 37 个，实现服务面积为 203.85 万平方米。

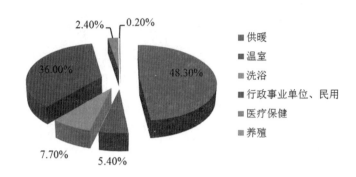

图 6　2013 年地热井开发利用分类图（按用途分类）

根据各热田 2014 年开采量的监测数据，北京市 2014 年开采地热水总量达 1014.41 万立方米，回灌量达 411.63 万立方米，净开采量达 602.78 万立方米，相较 2013 年减少了 59.91 万立方米。

四、科研成果转化情况

为了更好地满足北京市地热能资源开发利用快速发展的需要，近十年来，科研人员对北京市地热能资源勘查开发及其工程应用各环节进行了综合研究，内容包含了宏观发展研究、资源勘查评价与规划、仪器设备研发、工程应用关键技术研究、监测系统建设等多个方面。

为使科研成果系统、高效的实现转化，根据多年的研究资料，北京市地热能资源应用领域内出版了以《北京地热》《北京浅层地温能资源》《浅层地温能资源评价》等为代表的一系列著作；申请了多项仪器、测试设备及数据软件研发等相关专利，并将专利成果应用于资源开发利用项目中的系统集成、关键设备制造、整体解决方案以及检测等方面；出台了《地源热泵系统工程技术规范》（GB 50366—2005）、《浅层地热能勘查评价规范》（DZ/T 0225—2009）、《地热资源地质勘查规范》（GB/T 11615—2010）、地埋管地源热泵系统工程技术规范》（DB11/T 1253—2015）等规范标准（图 7），为政府及相关

图 8　北京市地热能资源开发利用研究报告

管理部门科学、高效、安全的开发地热能资源提供技术服务及辅助决策支持，对北京市深层地热能和浅层地温能资源的科学开发做出了突出贡献。

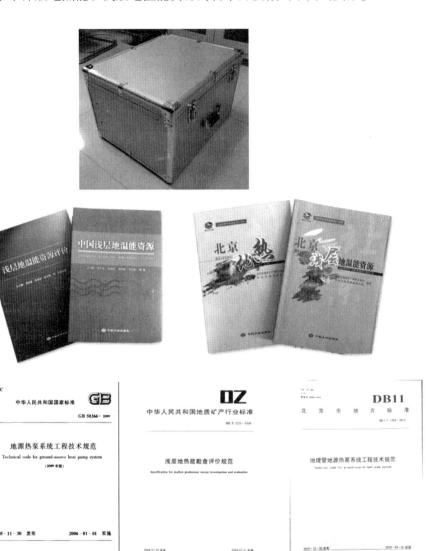

图 7　相关专利、著作及规范

在北京地热能资源勘查评价及开发利用经验的带动下，国土资源部十分重视地热能资源的开发利用工作，将加强浅层地温能与深层地热资源评价、规划和开发利用作为开拓新领域、延长工作链的一项重要工作予以支持，同时国土资源部大力推广应用北京成功经验和技术成果，目前已在全国29个省会城市开展了浅层地温能资源的调查评价工作，在北京等地的带动下全国浅层地温能开发利用为建筑物供暖制冷、提供生活热水的服务面积已超过3.6亿平方米，且每年的增加面积将超过5000万平方米，节能减排效果显著，发展前景广阔。

五、浅层地温能资源市场应用情况

北京市是国内地源热泵实施较早的城市，1999年，北京市实施了第一个采用地热—热泵技术实现供暖、制冷的项目，也是北京市计委的科研示范项目，该项目位于北京市地勘局地质勘查技术院内。该院原有供暖系统为燃煤锅炉系统，日常有大量烟雾粉尘挥发，对附近的居住和办公环境造成了严重的污染。改造后系统实现了地热水的梯级利用，深层地热能为住宅楼直接供暖，并为空调系统的热泵机组提供冬季热源；浅层地温能在夏季为热泵提供冷源，实现办公楼及宾馆客房空调制冷；同时深层地热水经过水处理后为宾馆提供温泉洗浴。该项目是较为全面和充分地利用地能资源的典范，经过十几年的运行，目前仍旧发挥着较好的经济效益和环境效益（图8）。

昔日的燃煤锅炉房
The coal boiler station before 2000

地热供暖后的泵房
The geothermal heating pump station after 2000

图 8 北京市地热能资源开发利用研究报告

昔日燃煤供暖所用的锅炉
The coal boiler used for heating before 2000

今日地热供暖泵房内的整洁环境
The clearly environment in the station after using geothermaling

图 8 项目改造前后对比

有了第一个示范项目的成功经验，北京市政府对宝贵的地热资源进行了整体规划和统一开发，先后在几个地热利用点建立了示范工程，其中北京市崇文区郭庄北里小区的改造项目很具有代表性。该住宅小区有六幢住宅楼，始建于八十年代初期，建筑面积共计 2.8 万平方米，居住着居民 450 户，由于当年没有建锅炉房，多年来居民只能用燃煤土暖气来解决冬季取暖问题，这给当地居民造成了很大的不便，如何解决该小区的集中供暖问题，也成为政府的心头重担，于是该小区的地热供暖改造项目也被列入 2001 年北京市政府为民办 60 件实事之一。郭庄地热供暖项目是 1999 年"北京市控制大气污染第三阶段的目标和措施"，要求北京市地勘局完成"地热采暖可行性研究方案"及建设地热供暖示范工程的延续。时任市长刘淇同志在视察该项目时给予了高度评价，郭庄北里小区地热供暖项目目前仍旧运行状况良好（图 9）

从 21 世纪初到 2004 年左右是地源热泵技术发展的推广阶段，这个阶段地源热泵系统在我国各个地区均有应用，相关科学研究也极其活跃，但由于缺乏统一的系统培训，技术实施人员的技术水平参差不齐，某些项目出现了问题，引起了人们对此技术的担忧，而部分房地产开发商一方面打环保概念牌，一方面又盲目追求最低成本，而不注重科学合理应用，许多地源热泵企业在市场拓展方面遭遇艰难地生存环境。但是，仍旧有一些敢为人先的用户和负责任的从业企业成就了一批经典项目，例如北京市丰台空军招待所和中石化党校等（图 10、图 11）。

图9　市领导考察郭庄北里小区地热供暖项目

图10　空军丰台招待所地下水地源热泵项目

　　其中空军丰台招待所位于北京市丰台区，是空政系统一所集住宿、会议、餐饮、娱乐于一体的三星级酒店，采用的是地下水源热泵系统。中石化党校为2002年搬迁的新校址，位于北京市朝阳区，建筑面积为5万平方米，包括综合楼、体育活动中心、教研楼、图书馆、教学楼等，是当时投入使用面积最大的地埋管地源热泵系统。这两个项目均经历了十几年运行的考验，实现了经济效益和环境效益双赢。

图11　中石化党校地埋管地源热泵项目

　　从2005年至今，地源热泵技术进入了快速发展阶段，随着我国对可再生能源应用与节能减排工作的不断加强，《可再生能源法》《节约能源法》《可再生能源中长期发展规划》《民用建筑节能管理条例》等法律法规的相继颁布和修订，外加财政部、建设部两部委对国家级可再生能源示范工程和国家级可再生能源示范城市的逐步推进，更是奠定了地源热泵在我国建筑节能与可再生能源利用中的突出地位，各省市陆续出台相关的地方政策，设备厂家不断增多，集成商规模不断扩大，新专利新技术不断涌现，从业人员不断增多，特别是奥运村、世博轴等一批有影响力的大型工程不断呈现，地源热泵系统应用进入了爆发式的快速发展阶段。

奥运村的中央空调采用地表水源热泵系统，充分利用附近清河污水处理厂的水资源作为空调系统的冷热源，为奥运村43万平方米建筑供暖、制冷。这是我国首次大规模使用再生水热泵系统，该项目从再生水热泵冷热源中获取789万千瓦时的能量，节约标煤3077吨，相当于减排二氧化碳8000吨，每平方米全年耗能是现行节能建筑能耗量的三分之一。该项目得到了北京奥组委的肯定和赞同，其设计理念也得到了众多媒体的广泛聚焦和报道。2008年，美国财政部长保尔森代表美国绿色建筑协会为北京奥运村颁发"绿色环保金奖"和"能源与环境设计先锋金奖"，更是对地源热泵技术的国际认同（图12）。

图12　奥运村再生水源热泵项目

随后的上海世博轴项目借鉴了奥运村的成功经验，在国内首次最大规模地应用地源热泵以及江水源热泵技术的空调冷热源集成技术，运用地源+江水源热泵技术设计建设的世博轴"绿色空调系统"，实现了100%的再生能源运用。这个自主设计、自主开发、自主施工的项目，创造了中国建筑史上的一个新纪录。该系统不仅经受了世博的考验，更为世博会后该地区的再规划建设，以及整个上海市黄浦江两岸热泵系统的实施起到了很好的示范作用，同时，这一系统的成功实施也为我国其他具备类似条件的地区实施热泵系统起到非常重要的示范及借鉴作用（图13）。

图 13　世博轴地源+江水源热泵项目

在这一阶段还不得不提到一个非常有代表性项目：北京用友软件园地源热泵项目，该项目共计 47 万平方米，分别于 2006 年和 2012 年完成一期、二期的建设并运行，达到了很好的环保效益（图14）。该项目实施的更重要的社会效益在于通过蓄能、调峰等一系列的技术措施，首次将复合式地源热泵系统的概念运用到项目设计中，使得热泵系统的初投资和运行费用找到了一个很好的结合点，为热泵技术的普及和推广起到了积极地示范作用。2016 年 4 月，北京市市长王安顺一行对该项目进行了实地考察，对地源热泵这一新能源利用技术给予充分肯定（图15）。

图14 用友软件园复合式地源热泵项目

图15 北京市市长王安顺一行实地考察用友软件园地源热泵项目

时至今日，随着国家法规、标准的不断完善，地源热泵系统的设计、安装、运行、维护等各个方面均变得有章可循，其推广应用时机已成熟。但地源热泵技术就像一个新事物必须经历挫折和经验一样逐渐地发展。作为一门新技术，它为我们国家的可持续发展带来了契机，各级政府也十分重视地源热泵这一浅层地温能利用技术的应用于发展，在不远的将来，北京城市副中心、冬奥会赛区、北京新机场及临空经济区、世园会等新建项目也将加强地源热泵技术的应用比例，随着经济实力的进步和人民生活水平的进步，经过政府、企业以及研究技术人员的共同努力，必定具有广阔的市场前景。

图16 北京市委书记郭金龙参观第八届国际节能展地源热泵企业展台

六、结语

随着北京市社会和经济的发展，能源和环境安全的形势十分严峻，开发利用新型的可再生清洁能源，实现优质环保能源的本地化已经成为我市经济发展和节能减排的重要途径之一。北京市地热能资源潜力巨大，开发利用地热能对我市建立市场化的优质能源体系，完成节能减排指标，实现社会经济可持续发展，建设节能型城市，具有重要意义。同时北京市地热资源的开发利用，逐步形成地热产业将会带动首都地勘业、旅游业、服务业和房地产业的发展。地热能的利用终将为首都大气环境的治理改善，建设首都城市的宜居环境做出积极的贡献。

B9

太阳能场联合供热
应用于西部油田的经济性分析

周　铭　张燕平　黄晓宏　雷骁林　郑　峻　康　勇[①]

摘　要：

　　我国有丰富的稠油资源，稠油因其密度大黏度高，容易凝固很难开采，被称为"流不动的油田"，是世界公认的原油开采难题。目前采用蒸汽吞吐技术实现稠油开采，产生开采稠油所需蒸汽的燃油锅炉或天然气锅炉均存在环境污染问题，并排放大量的温室气体，同时年消耗油或天然气的成本也不菲。随着国家节能减排力度的加大，石油资源采炼成本逐步提高。本文采用经济性评价对不同槽式太阳能场集热生产蒸汽方案进行了对比分析，研究发现带储热系统双回路集热方案在稳定性和经济性上具有显著的优势，并得到了该方案的最佳储热时长和最佳蒸汽生产量。这为在西部油田地区大规模推广太阳能资源在油田系统中利用的工程实施及相关决策提供技术支持。

关键词：

　　太阳能　联合供热　油田　可行性分析

---

　　① 周铭，武汉新能源研究院常务副院长。张燕平，华中科技大学能源与动力工程学院热能动力工程研究所主任，副教授。黄晓宏，武汉新能源研究院研究中心项目经理，博士。雷骁林，华中科技大学能源与动力工程学院，研究生。郑峻，武汉新能源研究院副院长。康勇，武汉新能源研究院院长，华中科技大学电气与电子工程学院教授。

一、油田蒸汽热负荷需求分析

美国的 J. O. 李威斯早在 1917 年就提出了采用热力采油的方法[1]。我国从 1958 年开始进行针对热力采油技术的研究，并且在新疆油田开展了火烧油层研究，并进行了井下电加热器实验。自 20 世纪 60 年代开始，注蒸汽采油逐渐成为开采稠油、提高采油效率的重要技术，并且逐渐成为开采的主要技术手段。

稠油是石油烃类的重要组成部分，具有比常规原油资源高达数倍的巨大潜力。我国稠油资源丰富，分布较广。目前，全世界已探明的稠油储量近 $1000 \times 10^8 t$ [2]。通过注蒸汽的手段来开采稠油已经是相对成熟的技术，是稠油开发采用的重要手段。稠油注蒸汽热采的采油机理主要是通过注入高温蒸汽，用蒸汽来加热稠油达到对稠油降粘的目的，从而使稠油的流动性增强便于开采。在提高稠油油藏蒸汽热采效率、增加原油采收率方面，国内外学者开展了大量的研究工作。

我国石油储备量不足，已经开采过多年的油田出现产量下降的情况，维持稳定的产油量成为油田开发的重要任务。注蒸汽开采可以在原有的基础上增加可采储量，增加已有油田的开采量。

我国西部油田采用的稠油开采技术主要是蒸汽吞吐方法，蒸汽吞吐工艺施工简单，收效快，不需要进行特别的试验研究，可以直接在生产井实施，边生产边试验，因而受到业界的普遍欢迎。尤其在某些油藏条件下，重力排油能力达到经济产量时，蒸汽吞吐可以获得较高的采收率。蒸汽吞吐是单井作业，对各种类型稠油油藏地质条件的适用范围较蒸汽驱广，经济上的风险比蒸汽驱开采小得多，因此蒸汽吞吐通常作为油田规模蒸汽驱开发之前的先导开发方式，以减少生产的阻力和增加注入能力。此外，对于井间连通性差、原油黏度过高

---

[1]　汪子昊、李治平、赵志花：《火烧油层采油技术的应用前景探讨》，《科研与开发》2008 年第 7 期，第 11 页。

[2]　黄鹏：《油田热采技术综述》，《石油石化节能》1997 年第 1 期，第 9—10 页。

以及含沥青砂，不适合蒸汽驱的油藏，仍将蒸汽吞吐作为一种独立的开发方式，因而它在稠油开发中将继续占有重要的地位。而在蒸汽吞吐技术中，需要生产大量的蒸汽来注入地下井，考虑到生产成本以及节能减排等因素，生产蒸汽的能耗已经成为一个不可回避的问题。

稠油注汽的蒸汽质量要求见国标《稠油注汽系统设计规范》[①]，具体指标参见表1所示。除蒸汽的质量外，蒸汽压力、温度和干度等均是影响吞吐效果的关键性施工参数。

表1　稠油注汽水质指标

序号	项目	单位	数量	备注
1	溶解氧	mg/L	<0.05	
2	总硬度		<0.1	以 $CaCO_3$ 计
3	总铁		<0.05	
4	二氧化硅		<50（A）	
5	悬浮物		<2	
6	总碱度		<2000	
7	油和脂		<2	建议不计溶解油
8	可溶性固体		≤7000	
9	PH 值		7.5~11	
（A）当碱度大于3倍二氧化硅时，在不存在结垢离子情况下，二氧化硅的含量为150mg/L。				

目前，西部油田的蒸汽生产方式主要以注汽锅炉生产蒸汽，稠油注汽系统由注汽站、配汽站和注汽管线三个部分组成，原理图如图1所示。其中注汽站是整个注汽系统的核心部分，注汽站采用注汽锅炉来加热给水，将给水通过配汽站和注汽管线分配到每口采油井中，并加热地下稠油。

---

① SY/T0027-2007，稠油注汽系统设计规范。

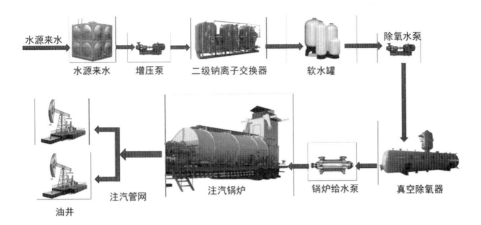

图 1　油田采油注汽原理图

油井的开采是按照一定周期来进行的，一个周期包括注汽、焖井、采油三个步骤，根据开采情况不同一般每年进行 1—2 个周期，一年中有 1—2 个月的维修保养时间，每次注汽的时间间隔与每年的开采周期次数相关，一般是100—200 天[①]。锅炉只在注汽阶段运行生产蒸汽，一台锅炉一般负责 48—60口油井的注汽，每口井的注汽时间为 7—10 天，在注汽阶段结束后锅炉停止运行，到下一个注汽周期开始时再开始生产蒸汽。目前各区域中大多数的锅炉在运行中的蒸汽产生量在 20—22.5t/h 范围内，部分地区有少量的 50t/h 和 130t/h 的锅炉。

以我国主要的稠油开采基地新疆某油田为例，该油田用以注汽的锅炉规格为 23t/h，单台锅炉耗气量为 $3.8 \times 10^4 \, Nm^3/d$。除此之外，还有一套规格为130t/h 的循环流化床锅炉，锅炉出口蒸汽干度 ≥ 95%。目前已建注汽站 107座，注汽锅炉 260 台。其中有 14 台过热注汽锅炉（过热蒸汽，过热度 5—10℃），其余均为普通注汽锅炉，为湿饱和蒸汽，干度为 75—80%，井口注汽干度 70—75%，锅炉出口蒸汽压力为 8MPa—12MPa，工作温度为275℃—324℃[②]。

　　① 倪斌、祝万斌.:《气举采油工艺技术在石西油田的应用》，2007 年全国气举技术研讨会论文，2008 年。

　　② 曾宪惠、单体琴、王深海：《谈我国稠油开采方法和国外开采新途径》，《中国化工贸易》2012 年第 4 期，第 166 页。

二、西部地区太阳能资源分析

（一）西部太阳能资源分析

我国太阳能资源也很丰富。根据中国气象科学研究院的研究①，有 2/3 以上国土面积，年日照在 2000 小时以上，年平均辐射量超过 $6GJ/m^2$，各地太阳年辐射量大致在 930—2330kW·h/m^2 之间。我国太阳能资源分布见图 2。

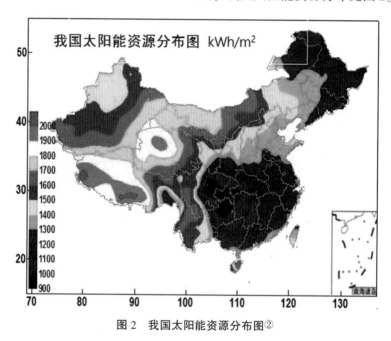

图 2　我国太阳能资源分布图②

从图 2 中可以看出，我国西藏、青海、新疆、甘肃、宁夏、内蒙古高原等西部地区的总辐射量和日照时数均为全国最高，属世界太阳能资源丰富地区之一。

本文研究所涉及的我国主要稠油开采基地新疆某油田地处新疆北部，属于

---

① 杨振斌：《中国气象科学研究院"风能太阳能资源实验室"成立》，《中国科学气象研究院年报》2006 年第 1 期，第 35—36 页。

② 资料来源：国家气象局风能太阳能资源评估中心。

图 9　太阳能场联合供热应用于西部油田的经济性分析

中国辐射资源的三类地区①，具有较丰富的太阳能资源。太阳能主要辐射参数包含总辐射、散射辐射、水平面直接辐射、垂直面直接辐射等。太阳光经过大气层时有一部分会发生散射变为散射辐射，剩余的部分以直接辐射的形式辐射到地面。

太阳能光热蒸汽生产的原理是，通过反射镜将太阳光汇聚到太阳能收集装置，利用太阳能的热量加热水形成蒸汽。因此太阳热辐射是太阳能集热器的唯一能量来源，太阳能辐射参数是太阳能蒸汽生产系统热力计算所必不可少的数据。

图 3 和图 4 分别给出来该地区年日照时数和太阳能日照强度的分布图。图 5 给出了一年两个典型日的太阳直接辐射（DNI）强度分布图②。

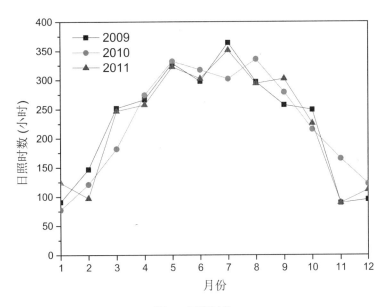

图 3　日照时数

①　王炳忠：《中国太阳能资源利用区划》，《太阳能学报》1983 年第 3 期，第 221—228 页。

②　中国各地区全年太阳日照时间表，2014 年 12 月。

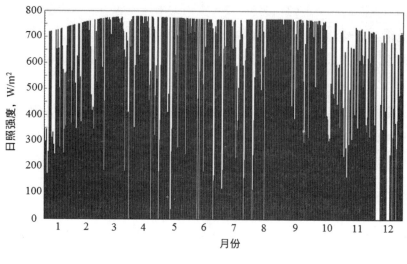

图 4 　日照强度

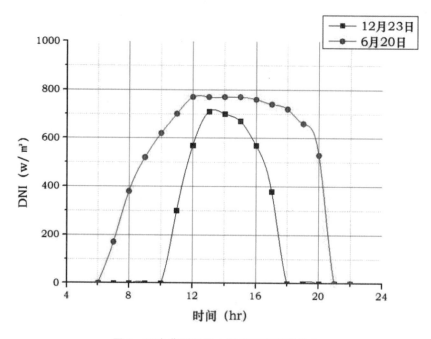

图 5 　两个典型日的太阳能直接辐射分布

（二）太阳能聚光集热技术分析

太阳能聚光集热是利用抛物或碟形镜面的聚焦作用将太阳能的热量收集起

图 9 太阳能场联合供热应用于西部油田的经济性分析

来，通过换热装置提供高温高压蒸汽。太阳能聚光集热属于高温集热，根据聚光装置的不同，大规模应用的聚光集热方式主要有槽式太阳能聚光集热和塔式太阳能聚光集热等。

槽式太阳能聚光集热系统全称为槽式抛物面反射镜太阳能聚光集热系统，该系统将多个槽型抛物面聚光集热器经过串联、并联的排列，利用槽型抛物面反射镜将太阳光聚焦到安装在抛物线形反光镜焦点上的线形接收器上，加热流过接收器的热传导液，热传导液在换热器内产生高压、高温蒸汽。槽式抛物面镜集热器是一种线聚焦集热器，吸收器的散热面积也较大，因而集热器介质工作温度一般不超过 600℃，属于中温系统。由于目前大部分的槽式太阳能电站采用导热油作为载热工质，运行温度一般只有 400℃。

塔式太阳能聚光集热系统是利用众多独立跟踪太阳光的定向反射镜（定日镜），将太阳热辐射反射到设置于高塔顶部的高温集热器（太阳锅炉）上，通过能量转换把热量传递给导热介质，再由蒸汽发生器产生过热蒸汽，或直接加热集热器中的水产生过热蒸汽。一个高温集热器一般可以收集 100MW 的辐射功率，产生 1100℃ 的高温。由于塔式发电系统中定日镜的数量众多，塔式太阳能聚光集热系统的聚光比随之升高，最高可达 1500，运行温度达到 1000℃—1500℃。因其聚光倍数高、能量集中过程简便、热转化效率高等优点，塔式聚光集热可实现大功率的供热。

太阳能聚光集热是一种完全清洁的热应用方式，与传统的化石电站相比，太阳能聚光集热利用太阳热能来制造蒸汽，取代了化石电站通过燃烧化石燃料制造蒸汽的方式，不会产生任何的二次污染。此外，太阳能聚光集热通过光热转换获得的热能可以以价格低廉、形式简单的方式储存，可以在没有太阳光照的情况下实现连续发电，较好地解决太阳能不稳定、不持续的弱点，使太阳能的大规模利用成为可能。

三、太阳能供热系统方案优选及成本分析

槽式聚光集热是第一个进入商业化生产的热应用方式，也是目前最成熟的商业化太阳能聚光集热技术。在本文的研究中，选用槽式太阳能聚光集热方案

作为该油田的蒸汽生产系统进行方案构建，具体包括槽式集热方案和最佳蒸汽生成量的选择。

槽式太阳能场集热生产的蒸汽在油田采油中的投用方式，可以有以下四种:

1. 单回路系统又称为直接蒸汽生产系统（DSG），此系统特点为热传输流体在槽式太阳能集热器的玻璃—金属集热管中加热后直接送入蒸汽消耗系统如汽轮机发电系统中，故热传输流体为水—水蒸汽，故太阳能集热系统和蒸汽消耗系统之间既有能量交换又有物质交换。原理图如图6所示。

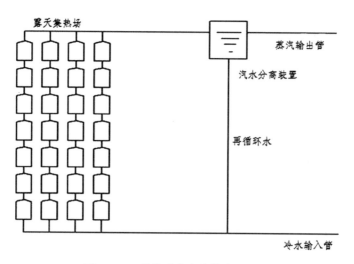

图6 DSG蒸汽生产方案基本原理图

2. 集热场露天布置无储热方案。采用集热场露天布置且无储热系统，系统方案采用双回路系统，基本原理图见图7。由图中可以看出整个系统分成两个部分，露天集热场和蒸汽生产系统，露天集热场中采用高温导热油作为传热介质吸收太阳辐射能，然后通过预热器、蒸汽发生器和过热器等换热设备将热量传递给换热器中的水从而产生蒸汽供给油田注汽系统利用。

3. 储热工作方式。完全依靠太阳能场生产蒸汽，考虑夜间的供热，需要考虑储热。原理图与图7类似，在集热场露天布置无储热方案的基础上增加了储热系统，如图8所示。

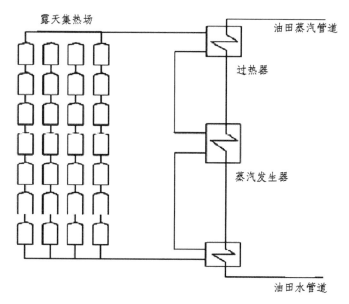

图 7 　无储热蒸汽生产方案基本原理图

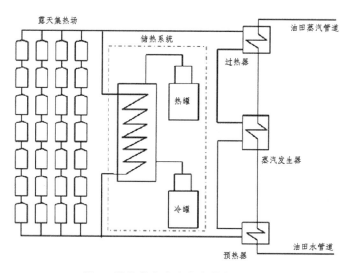

图 8 　储热蒸汽生产方案基本原理图

4. 太阳能场集热作为锅炉给水预热的方案。利用太阳能场将锅炉给水温度提高后，再送入锅炉加热蒸发。此时，不考虑储热。原理图如图 9 所示。

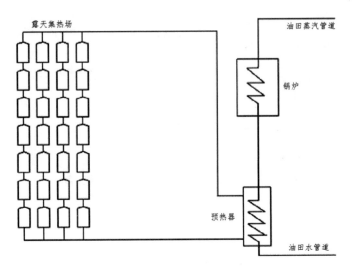

图9　前置给水预热方案基本原理图

5. 太阳能与锅炉协同供应蒸汽的方式。即在太阳能辐射条件满足要求时，利用槽式太阳能场生产蒸汽，在夜间或阴云天气仍由燃煤（气）锅炉供应蒸汽。此时，考虑短时储热。其太阳能场生成蒸汽的原理图与图9一样。

为对比分析不同太阳能场集热生产蒸汽方式，以及评价储热系统的必要性和运行参数，在本文的分析中设置了如下四类情景方案：

（1）方案 I 为单回路 DSG 系统方案；

（2）方案 II 为无储热集热场方案；

（3）方案 III 为带储热系统集热场方案，其中为评价储热时间的长短对系统可行性的影响，考虑了 1h、5h 和 10h 三种方案。在文中分别被标记为 III-1、III-5 和 III-10。

（4）方案 IV 为前置给水加热方案。

（一）太阳能集热方案的成本分析

槽式太阳能蒸汽生产系统投资可分为直接投资和间接投资两大部分。

槽式电站的直接投资成本主要包括：（1）土建工程投资；（2）太阳能集热场成本；（3）换热系统投资；（4）储热系统投资；（5）导热油系统投资；（6）玻璃温室投资。

由于槽式太阳能蒸汽生产系统和太阳能热发电厂相比除了发电系统的差别外，其他部分基本一致，故在对油田蒸汽生产系统的成本进行分析时可参考槽式太阳能热发电的投资构成[①]，主要由集热场成本（含管路）、换热系统成本、储热系统成本组成。表2显示了估算太阳能生产蒸汽直接成本的参数。

表 2　槽式太阳能蒸汽直接成本的估算参数

项目	成本（元/m²集热场）
土建工程	83.7
吸热器	266.6
镜面	248
集热器结构	310
集热器装配	105.4
驱动	80.6
连接管路	68.2
电气和控制	99.2
其他（备件、货运及意外等）	105.4
集热系统	1550
换热器系统	142.6
储热系统	194.68

间接投资成本主要集中在运行和维护费用上，主要包括以下几个方面：（1）集热场中集热单元的更新；（2）集热单元需要定期检查和维护，如集热单元损坏需要对其进行更换；（3）员工费用，支付给运行和维护人员的工资；（4）集热场的清洁；（5）槽式太阳能集热场由于其聚光性需要保持发光镜及其他光学部件的清洁，需要定期进行清洁工作。

由于运行维护费用和集热场所在地劳动力成本及水资源价格等因素有关，

---

① 罗智慧、龙新峰：《槽式太阳能热发电技术研究现状与发展》，《电力设备》2006年第11期，第29—32页。

本报告参考美国可再生能源实验室报告[1]中给出的运行和维护费用作为油田蒸汽生产系统的计算参数，见表3所示。

表3　该油田槽式太阳能蒸汽间接成本估算

项　目	单位	金额
集热系统运行维护费用	\$/kWe/y	50
（按单位发电功率计）	元/kWe/y	310
集热系统运行维护费用	\$/t/y	2.73
（按单位蒸发量计）	元/t/y	16.94

在本文针对太阳能聚光集热蒸汽生产系统投资及运行的费用分析中，由于缺少数据，暂时未考虑水处理成本和仪表控制成本。同时，在整个成本分析的过程中，没有考虑太阳能场的加入对锅炉设备的影响，没有考虑工程实际中管路的布局，也没有考虑风沙对太阳能场正常运行的影响。

为在同一基准下对各方案进行优选，选取蒸汽参数为130t/h、9MPa和0℃过热度为分析工况，从成本上对各方案进行了核算。其中设定集热场使用年限统一为20年。以下各方案也均设定集热场使用年限统一为20年。计算结果如下表4所示：

由表中对比方案Ⅰ、Ⅱ和Ⅲ-1可以看出，在同一蒸汽参数条件下，采用直接蒸汽DSG方案的直接投资成本和总投资成本最低，因为DSG单回路系统省去预热器、过热器、蒸汽发生器等热交换器，同时节约了双回路系统中昂贵的高温导热油费用。虽然DSG方案蒸汽产生量较少，但由于其较低的总成本，使得其单位蒸汽完全成本最低。故单回路DSG系统具有最好的技术经济性。但值得注意的是单回路DSG集热系统目前技术上不够成熟，需要进一步发展完善。

---

① H Price, *A Parabolic Trough Solar Power Plant Simulation Model*. Asme International Solar Energy Conference, 2003, pp. 665-673.

表4 不同槽式太阳能蒸汽生产成本估算

项目	单位	方案 I	方案 II	方案 III-1	方案 IV
直接投资成本					
基础建设	万元	1550.6	1572.6	1769.2	715.8
集热场（含管路）	万元	26734.4	27114.2	30503.4	12341.9
换热系统	万元	0	2494.5	2806.3	1135.5
储热系统	万元	0	0	214.6	0
总计	万元	28285	31181.3	35293.6	14193.2
运行维护成本	万元	20257.7	20257.7	20257.7	461.5
总成本	万元	48542.7	51438.9	55551.3	14654.6
单位蒸汽经营成本	元/t	37.58	38.11	33.88	–
单位蒸汽完全成本	元/t	90.49	96.77	92.90	–

前置给水加热方案（方案 IV）的蒸汽完全成本不仅仅来源于太阳能场的投资与运行，还包括燃煤锅炉的成本，因此无法直接与方案 I、II 和 III 进行对比。同样以 130t/h、9MPa、0℃过热度为研究工况，在不取代 130t/h 燃煤锅炉的条件下计算前置给水方案的省煤量和采用太阳能集热系统后的投资回收年限。计算参数及结果见表5。

表5 前置给水方案计算参数表

项　目	数　值
锅炉热效率（%）	0.91
标准煤热值（MJ/kg）	29.3
燃煤转换标煤系数	0.8
锅炉每日燃煤量（t/day）	414.7
锅炉年燃煤量（t）	150000
太阳能集热系统年节煤量（t）	15555
燃煤价格（元/t）	180
年节约燃煤成本（万元）	350
集热系统成本（万元）	14654
集热系统回收年限（y）	42

从表5可以看出，采用集热系统前置加热给水的方案并不经济，投资回收年限较高。因为蒸汽生产系统中热量需求主要在于从饱和水至饱和蒸汽的转化过程，从未饱和水至饱和水过程中需求的热量相对较少，采用较为昂贵的槽式太阳能集热系统来加热给水并不能有效地减少燃煤消耗量。故在该油田蒸汽生产系统中不宜采用槽式太阳能前置加热给水方案。

综上所述，对比成本后，从项目安全性和技术成熟性方面考虑，应采用双回路的太阳能集热系统方案，即方案 II 和 III。

（二）储热系统的必要性分析

方案 II 为无蓄热方案，当考虑对集热场增加蓄热即方案 III 时，会对蒸汽月均产量产生影响，分别对 130t/h 和 23t/h 设定蒸汽量，9MPa，0℃过热度工况下月均蒸汽量进行分析，结果见图 10 和 11。

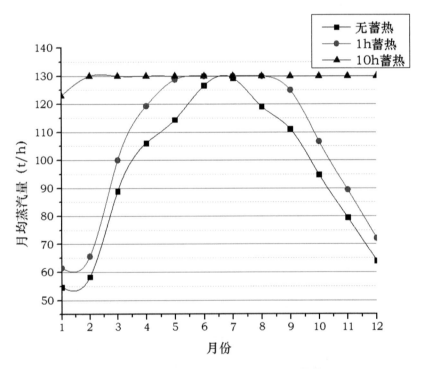

图10　130t/h，9MPa，0℃过热度蒸汽产量结果图

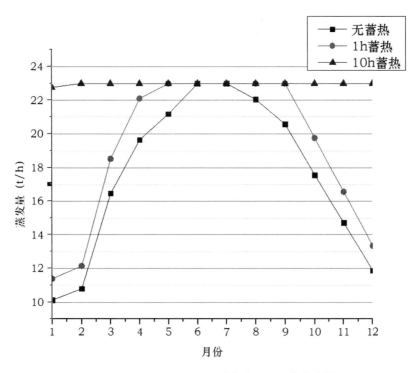

图 11 23t/h，9MPa，0℃过热度下月均蒸汽产量

从图 10 和图 11 中可以看出，当采用无储热方案时，蒸汽产量分布极不均匀，7 月份可达到设定的蒸汽设计要求，夏季蒸汽产量较高，冬季很低；当集热场蓄热 1h 时，蒸汽产量的均匀性得到了有效的改善，整个夏季基本可实现蒸汽设计要求，其余月份的蒸汽产量也有了明显的提升；当集热场蓄热 10h 时，各月月均蒸汽产量基本保持在设计值，满足蒸汽负荷要求。可见，采用蓄热方式可以有效地改善太阳能蒸汽生产的波动性，保持蒸汽产量的稳定性。

同时，对比表 4 中无储热方案与储热方案的成本分析可以发现，无储热方案的直接投资较少，但因为其年产蒸汽量较低，因此单位蒸汽的运营成本较高。

（三）蓄热时长的投资分析

为评价储热时长的差异，将储热时长分别为 1 小时、5 小时和 10 小时的方案进行投资对比，见表 6。

表6 不同蓄热时间下露天方案的投资情况对比

项目	单位	方案 Ⅲ-1	方案 Ⅲ-5	方案 Ⅲ-10
直接投资成本				
基础建设	万元	1769.2	2555.5	3538.4
集热场（含管路）	万元	30503.4	44060.5	61006.8
换热系统	万元	2806.3	4053.6	5612.6
储热系统	万元	214.6	5589.3	22468.8
总计	万元	35293.6	56258.9	92626.7
运行维护成本	万元	20257.7	20257.7	20257.7
总成本	万元	55551.3	76516.6	112884.3
单位蒸汽经营成本	元/t	33.88	23.45	16.94
单位蒸汽完全成本	元/t	92.90	88.59	94.39

对比4和表6可知，储热方案的直接投资成本与总投资成本均比无储热方案高，但由于年产蒸汽量的差异，储热方案的单位蒸汽经营成本均低于无储热方案，单位蒸汽完全成本也低于无储热方案。因此，适量的储热对投资及蒸汽供应的稳定性都是必要的。三种储热时间中，5小时储热具有最佳效益，该方案既能保证较为稳定的蒸汽生产，同时具有最低的单位蒸汽完全成本。

（四）最佳蒸发量优化分析

目前该油田蒸汽生产用锅炉的规格主要以23t/h为主，130t/h蒸汽规格的锅炉为正在推广的炉型。为了对计算太阳能集热场的最佳蒸发量进行分析，设定蒸汽压力为9MPa，过热度为0℃，将太阳能集热场设计蒸发量从30t/h依次取至330t/h，计算不同设计蒸发量下的年节约天然气成本，并依此计算不同设计蒸发量下的投资回收成本，见图12所示。不同蒸发量下的集热场总成本和单位蒸汽成本见图13所示。

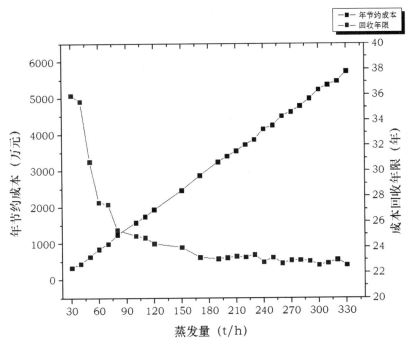

图 12　不同蒸发量下的节约成本及回收年限

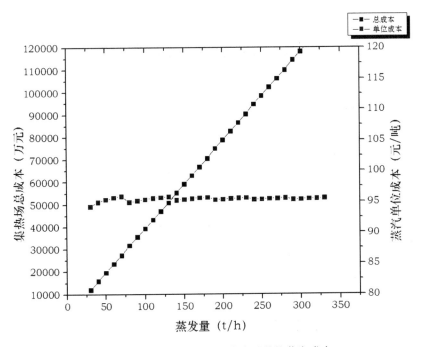

图 13　不同蒸发量下的总成本及单位蒸汽成本

由图12和图13可知，随着太阳能集热场设计蒸发量的增大，年节约成本和集热场总成本逐渐增大；而单位蒸汽生产成本基本不随集热场规模的变化而变化，基本稳定在约95元/吨左右。而投资成本回收年限整体随着太阳能集热场设计蒸发量的增大而呈现下降的趋势，但当设计蒸发量增大到一定的程度时，投资成本回收年限下降速度逐渐变慢趋于平缓单位蒸汽生产成本。可见，太阳能集热场设计蒸发量并不是越大越好，由于太阳能集热场一次性投入成本较高，目前太阳能电站规模一般控制在50MW，折算蒸发量规模约为200t/h。从图12可以看出，当集热场设计蒸发量为170t/h至更大时，投资回收年限变化较平缓，基本趋于22年，但当集热场蒸发量高于200t/h时，投资回收年限基本没有变化，但总投资成本较大且集热场规模超过目前槽式太阳能电站的规模，具有较大的风险。

综上，在170t/h—200t/h范围内取太阳能集热场设计蒸发量时，集热场投资回收年限和集热场规模相对最优。从最小投资回收年限和最小投资方面考虑，本报告将取170t/h设计蒸发量对天然气锅炉与太阳能场的联合蒸汽生产进行分析。

四、太阳能场联合供热的可行性分析

（一）天然气锅炉与太阳能场联合蒸汽生产的成本分析

在前文中计算的各个方案为单独的太阳能场聚光集热蒸汽生产系统，由于在实际生产中需要连续生产蒸汽，而太阳能具有间歇性和不稳定性的特点，现场多采用传统锅炉与太阳能场联合蒸汽生产的方式。

在一定的蒸汽供应需求情况下，对两种不同的蒸汽生产方式（包括天然气锅炉蒸汽生产方式和天然气锅炉与太阳能场联合蒸汽生产方式）的直接投资和间接投资进行计算，得出各蒸汽生产方式下的单位蒸汽完全成本。

以该油田某井区的蒸汽生产过程为原型进行分析，该井区有11座注汽站，14台23t/h的锅炉，按照产生的蒸汽参数为9MPa饱和蒸汽进行计算。

天然气锅炉直接投资成本按照每台900万元每个，天然气完全操作成本采用 173 元/吨蒸汽[1]，锅炉寿命按照 10 年寿命期进行计算[2]，则 20 年单纯采用天然气锅炉供应蒸汽的成本分析如表 7。

表 7　采用天然气锅炉进行蒸汽生产的成本分析

项目	单价	数量	成本
直接投资成本	900 万元/个	28 个	25200 万元
间接投资成本	0.0173 万元/t	5735200t	912319 万元
总成本（净现值）	937519 万元		
单位蒸汽完全成本（净现值）	178 元/t		

太阳能场设计蒸发量为 170t/h，太阳能场蓄热系统为 5 小时蓄热，太阳能场按照 20 年寿命期计算。天然气锅炉和太阳能场联合蒸汽生产的成本分析如表 8 所示。

表 8　天然气锅炉和太阳能场联合蒸汽生产的成本分析

项目		单价	数量	成本
直接投资成本	锅炉直接投资	900 万元/个	28 个	25200 万元
	太阳能场基础建设	0.00899 万元/m²	346125m²	3111.7 万元
	集热场（含管路）	0.155 万元/m²	346125m²	53649.4 万元
	换热系统	0.01426 万元/m²	346125m²	4935.7 万元
	储热系统	0.01947 万元/m²	307687m²	5990.7 万元
间接投资成本	锅炉运行维护	0.0173 万元/t	45648954t	789726 万元
	太阳能场运行维护	0.031 万元/kW	854540kW	28170.7 万元
		84 万元/y	20 年	
总成本（净现值）		910785 万元		
单位蒸汽完全成本（净现值）		161 元/t		

比较表 7 和表 8 可以看出，采用天然气锅炉和太阳能场联合蒸汽生产方式

---

[1]　李迎健、李群：《燃天然气和燃油锅炉热效率及供热成本分析》，《石油与天然气化工》2003 年第 1 期，第 18—21 页。

[2]　蒋伟权：《锅炉主要受压部件的寿命管理》，《锅炉技术》1986 年第 10 期，第 12—17 页。

的单位蒸汽完成成本更低，这是一种替代传统蒸汽生产方案的可行方式。

（二）节能效益分析

目前，该油田的稠油开采所需蒸汽主要由 23t/h 蒸发量的燃气锅炉或燃油锅炉生产，同时有少量的燃煤锅炉。目前已有一台 130t/h 蒸发量的燃煤锅炉，未来还将拟建数台 130t/h 蒸发量的燃煤锅炉。因此，分别以槽式太阳能蒸汽生产系统替换 23 t/h 蒸发量的燃气锅炉和 130t/h 蒸发量的燃煤锅炉两种情况，进行节能及减排效益分析。参见表9。

（1）替换 1 台 23t/h 燃气锅炉的节能计算

该油田现有 23t/h 蒸发量的燃气锅炉的日耗气量为 $3.8×10^4 Nm^3/d$，年耗气量为 $1387×10^4 Nm^3/y$。因此，若槽式太阳能蒸汽生产系统能减少 1 台 23t/h 蒸发量的燃气锅炉运行，则每年可减少燃气量 $1387×10^4 Nm^3/y$。若天然气价格按 1.219 元/ Nm^3 计算，则每年可减少燃料运行成本计 1690 万元。

（2）替换 1 台 130t/h 燃煤锅炉的节能计算

该油田现有 130t/h 燃煤锅炉的每日燃料消耗是 414.7t/d，折合年燃料消耗量约 15 万吨/年。若槽式太阳能蒸汽生产系统能减少 1 台 130t/h 蒸发量的燃煤锅炉运行，则每年可减少燃煤量约 15 万吨/年。若燃煤价格按 360 元/吨计算，则每年可减少燃料运行成本计 5400 万元。

表9　槽式太阳能蒸汽生产系统的节能效益

项　　目	替换 23t/h 燃气锅炉	替换 130t/h 燃煤锅炉
年耗燃料减少	$1387×10^4 Nm^3$ 天然气	15 万 t
年燃料运行成本减少	1690 万元	5400 万元
燃料单价	1.219 元/Nm^3 天然气	360 元/t 煤

（三）减排效益及 CDM 分析（CO_2 减排量的计算分析）

清洁发展机制（Clean Development Mechanism，CDM）是京都议定书规定的三种灵活机制之一，即联合国气候变化框架公约中发达国家与发展中国家合

图 9   太阳能场联合供热应用于西部油田的经济性分析

作应对气候变化的、以项目为合作载体的机制。

与天然气锅炉或燃煤锅炉生产蒸汽相比，槽式太阳能蒸汽生产系统具有 CO_2 零排放和燃料成本为零的特点，因此槽式太阳能蒸汽生产系统作为 CDM 项目具有很大的潜力。通过 CDM 项目，油田企业可以与发达国家进行 CERs 的交易，使得投资方能够获得清洁能源项目的投资补偿，为全球 CO_2 减排做贡献。

以替换一台 130t/h 燃煤锅炉计算槽式太阳能蒸汽生产系统的减排效益，如果能够成功申请 CDM 项目，那么按照目前 CDM 交易市场上可能形成的交易价格 10.5 欧元/吨 CO_2，汇率暂按 1 欧元兑换 10.00 元人民币计算，1t 燃煤的 CO_2 排放量按 2.5 吨 CO_2/吨煤计算，则该项目的 CDM 收入每年约为 3900 万元。由此可见，该项目如果能够注册成为 CDM 项目，将明显改善收益状况。参见表 10。

表 10   替换 130t/h 燃煤锅炉时槽式太阳能蒸汽生产系统的减排效益

项目	替换 130t/h 燃煤锅炉
年耗燃料减少	15 万 t/y
年燃料运行成本减少	5400 万元/t
燃料单价	360 元/t 煤
年减少 CO_2 排放量	37.5 万 t/y
CDM 交易价格	10.5 欧元/t CO_2
年 CDM 收入	3900 万元/y
年减少 SO_2 排放	329t/y

（四）环保效益分析

太阳能是可再生能源，太阳能的大量利用可极大地减少一次能源（如煤、石油、天然气）的利用，从而减少了因开发一次能源而造成的污染物排放、毁坏植被、影响海洋生态等环境问题。在现在全球环境保护问题越来越突出的情况下，充分利用可再生能源，在提供新的电源的同时，不产生烟尘、SO_2、温室气体、废水等污染物、不会因开采造成自然界不可恢复的破坏，具有非常突出的环境效益。

该油田若采用槽式太阳能蒸汽生产系统替换一台 130t/h 的燃煤锅炉，建成后将减少燃煤消耗 15 万吨/年。同时每年可减少燃用煤所造成的多种有害物质和温室气体的排放，其中，CO_2 减少 37.5 万 t/a，SO_2 减少 329t/a。项目建设对于保护环境、减少大气污染和水环境污染具有积极的作用，符合清洁生产原则。

五、结论与建议

本文中通过成本分析对不同的太阳能集热方式进行了评价，兼顾蒸汽生产系统的安全稳定性及热力性能，带储热系统的集热场布置的双回路方案适合用于集热生产蒸汽。其中 5 小时储热系统具有最佳效益，既能保证较为稳定的蒸汽生产，同时具有最低的单位蒸汽完全成本。最佳的太阳能场蒸发量为 170t/h，此时集热场投资回收年限和集热场规模最优。

采用太阳能场联合供热方案生产蒸汽可以显著降低单位蒸汽完成成本，显著降低一次能源的消耗，同时有效减少燃用煤等化石燃料所造成的多种有害物质和温室气体的排放，对于保护环境、减少大气污染和水环境污染具有积极的作用。目前国外已有多家公司致力于太阳能场联合供热采油技术的研发和应用。在我国，油田一般多位于西部，这些地区具有较丰富的太阳能资源，逐步开展太阳能蒸汽生产替代传统化石能源蒸汽生产以满足石油开采过程的需要，是实现我国能源可持续发展的方向之一，具有重要的能源和环保意义。

感谢中国科技部国家国际科技合作专项项目"太阳能梯级集热发电系统关键技术合作研究 太阳能梯级集热发电系统关键技术合作研究"（No. 2014DFA60990）对本研究的资助。

光伏真空玻璃在建筑一体化上的应用

侯玉芝①

摘　要:

普通的光伏组件保温、隔热性能较差,作为建筑材料用在门窗、幕墙上时,将不可避免地影响建筑物的保温效果,可以产生电能却又增加了采暖制冷期的能耗。真空玻璃是一种新型保温材料,具有较好的保温、隔热功能,将真空玻璃与光伏组件结合在一起,构成光伏真空玻璃。该组件代替部分传统的建材实现光伏建筑一体化,既能大幅提高建筑物的保温、隔热功效,又能提供清洁环保的电能,是一种既节能又发电的低碳建筑材料。

关键词:

光伏组件　真空玻璃　光伏建筑一体化

一、引言

光伏建筑一体化(Building Integrated Photovoltaic,BIPV)是将太阳能光伏发电组件成为建筑的一个有机组成部分,是打造低碳、节能、环保绿色建筑的

---

① 侯玉芝,硕士,北京新立基真空玻璃技术有限公司应用工程师,主要从事真空玻璃应用研究。

重要方式。由于光伏发电组件与建筑结合不占用额外的地面和建筑空间，是光伏发电系统在城市中广泛应用的最佳安装方式。但是常规光伏组件结构一般为普通夹层结构，保温、隔热性能较差，直接作为建筑材料用在建筑上时，将不可避免地影响建筑物室内保温效果，可以产生电能却又增加了采暖制冷期的能耗。光伏真空玻璃作为一种新型光伏建筑材料，既能大幅提高建筑物的保温、隔热功效，又能提供清洁环保的电能，是一种既节能又发电的低碳建筑材料。

二、光伏建筑一体化光伏构件结构

（一）太阳能电池种类

太阳能电池是通过光电效应或光化学效应直接把光能转化为电能的装置。目前太阳能电池主要有晶体硅型和薄膜型两大类型。

晶体硅太阳能电池可分为单晶硅太阳能电池和多晶硅太阳能电池，具有转换效率高16%—18%，稳定性好的特点，是目前技术最成熟，应用最广泛的太阳能光伏产品，占据世界光伏市场的80%份额[1]。

薄膜太阳能电池主要包括非晶硅薄膜电池、铜铟镓硒薄膜电池和碲化镉薄膜电池等，是在玻璃、塑料等廉价衬底上镀的一层薄膜，镀膜厚度可薄至0.002mm，远低于晶体硅厚度0.15—0.3mm。但薄膜电池转换效率比晶体硅电池低，目前市场份额还较小[2]。

从晶硅和薄膜电池外观对比可知，晶硅电池为一片片的单片，尺寸一般为125mm×125mm，厚度为0.15—0.3mm，颜色为蓝色或黑色，不透明。薄膜电池尺寸规格有1100mm×1300mm，1245mm×635mm等，是在玻璃衬底上镀的一层非晶硅薄膜，厚度在0.002mm左右，整体颜色一致，透光性好，透光度可从30%到80%，两种电池在建筑上的应用效果图见图1和图2。

---

[1] 梁昌鑫、陈孝祺：《太阳能电池现状及其发展前景》，《上海机电学院学报》2010年第13期，第182—186页。

[2] 周传水、董为勇、彭小波：《薄膜太阳能电池的现状与发展前景》，《中国玻璃》2011年第6期，第33—35页。

图 1　晶硅电池组件应用实例　　　　**图 2　薄膜电池组件应用实例**

从应用效果上看，晶硅电池与建筑结合，整体效果较差，且不具有通透性；薄膜电池与建筑结合，与建筑一体化效果好，可以充分发挥组件的弱光性、高温效应、阴影效果等优势①。薄膜电池转换效率虽低于晶硅电池，但每瓦年综合发电量高于晶硅电池。从而可以提高整个建筑的发电量和建筑与光伏系统一体化的效果。

（二）光伏建筑一体化（BIPV）光伏构件结构

典型的光伏建筑一体化光伏组件结构是，钢化夹层结构（双玻夹层结构）和中空结构②。钢化夹层结构是由两片玻璃，中间复合太阳能电池片组合而成，电池片之间由导线串联或并联汇集到引线端。两片玻璃必须是钢化玻璃，向光的一面一般是超白压花钢化玻璃；电池片可以是单晶硅、多晶硅、非晶硅的一种。中间的胶片可以是 EVA（乙烯—醋酸乙烯共聚物）或者 PVB（聚乙烯醇缩丁醛树脂）。如图 3 所示。中空结构有两种形式，一是将钢化夹层结构作为一块玻璃，和另一块玻璃组成中空结构。另一种是晶体硅或非晶硅电池片放置在中空玻璃的空腔内，电池片之间由导线串联或并联汇集引线端通过间隔条和密封胶引出。如图 4 所示。

---

① 邹红叶：《硅薄膜太阳能电池的原理及其应用》，《物理通报》2009 年第 5 期，第 56—57 页。

② 王冬、温玉刚、苗向阳：《光伏建筑一体化（BIPV）及光伏玻璃组件介绍》，《门窗》2009 年第 8 期，第 12—15 页。

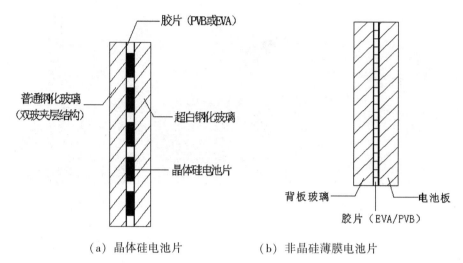

（a）晶体硅电池片　　　　　（b）非晶硅薄膜电池片

图3　钢化夹层结构

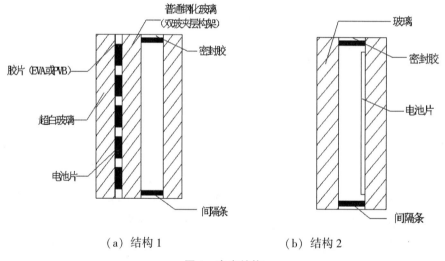

（a）结构1　　　　　　（b）结构2

图4　中空结构

　　将组件作为建材使用时，钢化夹层结构隔热、保温性差的缺点就凸现出来了。为了增加组件保温、隔热效果，通常再将钢化夹层结构合成中空结构。中空结构的保温效果稍好一些，但由于中空结构中填充的是气体，白天有光照时，电池片工作产生电流，由于本身存在内阻，会有发热和升温现象。温度升高使中空玻璃空腔内的气体过度膨胀；当夜晚没有日照时，随着电池片温度的降低，腔体内的气体也会降温收缩。这样，中空玻璃始终处于高低温交变的条

图 10　光伏真空玻璃在建筑一体化上的应用

件下，使密封材料寿命大大缩短，造成中空玻璃密封失效，减少了组件使用寿命[①]。

（三）　光伏建筑一体化基本含义

（一）　光伏建筑一体化定义

太阳能光伏建筑一体化（BIPV）技术即将太阳能发电（光伏）产品集成或结合到建筑上的技术。其不但具有外围护结构的功能，同时又能产生电能供建筑使用。光伏与建筑一体化是"建筑物产生能源"新概念的建筑，是利用太阳能可再生能源的建筑。

太阳能光伏建筑一体化不等于太阳能光伏+建筑。所谓太阳能光伏建筑一体化不是简单的"相加"，而是根据节能、环保、安全、美观和经济实用的总体要求，将太阳能光伏发电作为建筑的一种体系进入建筑领域，纳入建设工程基本建设程序，同步设计、同步施工、同步验收，与建设工程同时投入使用，同步后期管理，使其成为建筑有机组成部分的一种理念、一种设计、一种工程的总称。这种一体化包括：一体化设计。设计的内容应包括建筑和光伏系统，也应包括其他需要的器件和结构，并把建筑物的墙体和房顶分解为结构模块一体化概念的内涵；一体化制造。建立专用的生产线，并用该生产线，对设计好的建筑结构模块，进行大规模高效率低成本的制造；一体化安装。用电动吊装设备，把生产出的结构模块集中安装成房屋。

（二）　应用方式

光伏产品和建筑结合是光伏产业发展的未来趋势，中国目前正在进行太阳能光伏建筑一体化（BIPV）和并网发电系统的科技攻关和示范，太阳能光伏建筑一体化和并网发电最终会成为中国光伏应用的一种重要形式。

---

① 王冬、温玉刚、苗向阳：《光伏建筑一体化（BIPV）及光伏玻璃组件介绍》，《门窗》2009 年第 8 期，第 12—15 页。

从目前来看，光伏与建筑的结合有两种方式：一种是光伏系统附着在建筑上；另外一种是光伏系统作为建筑物的一部分集成到建筑上[1]。

1. 光伏系统附着在建筑上，把封装好的光伏组件（平板或曲面板）安装在居民住宅或建筑物的屋顶上，再与逆变器、蓄电池、控制器、负载等装置相联。光伏系统还可以通过一定的装置与公共电网连接。

2. 光伏系统与建筑集成，建筑与光伏组件的进一步结合就是将光伏组件与建筑材料集成化。一般的建筑物外围护表面采用涂料、装饰瓷砖或幕墙玻璃，目的是为了保护和装饰建筑物。如果用光伏组件代替部分建材，即用光伏组件来做建筑物的屋顶、外墙和窗户，这样既可用做建材也可用以发电。

光伏系统附着在建筑上，严格来说还不属于真正意义的建筑一体化。要真正实现光伏建筑一体化，就要使光伏组件作为建筑结构的功能部分，取代部分传统建筑结构如屋顶板、瓦、窗户、建筑立面等，使其成为建筑的有机组成部分[2][3]。将太阳能光伏发电作为建筑的一种体系进入建筑领域，做到与建筑同步设计，同步施工，同步验收。

（三）光伏建筑一体化系统优点

从建筑、技术和经济角度来看，光伏建筑一体化有以下诸多优点[4]：

1. 光伏组件可以有效地利用围护结构表面，如屋顶或墙面，无须额外用地或增建其他设施，适用于人口密集的地方使用，这对于土地昂贵的城市尤其重要。

2. 可原地发电、原地用电，在一定距离范围内可以节省电站送电网的投资。在那些架起公共电网非常昂贵的地方，太阳能光伏发电是一个具有很高性价比的替代物。

3. 夏季，处于日照时，由于大量制冷设备的使用，形成电网用电高峰。

---

[1] 那嘉、汤红运：《浅谈太阳能光伏建筑一体化》，《建材世界》2010 年第 5 期，第 34—36 页。

[2] 龙文志：《太阳能光伏建筑一体化》，《建筑节能》2009 年第 7 期，第 1—9 页。

[3] 孙颖：《太阳能光伏建筑一体化及其应用研究》，《建筑节能》，2009 年第 12 期，第 48—50 页。

[4] 肖潇、李德英：《太阳能光伏建筑一体化应用现状及发展趋势》，《节能》2010 年第 2 期，第 12—18 页。

图 10　光伏真空玻璃在建筑一体化上的应用

BIPV 并网系统除保证自身建筑用电外，还可以向电网供电，从而舒缓高峰电力需求，解决电网峰谷供需矛盾，具有极大的社会效益。

4. 由于光伏阵列安装在屋顶和墙壁等外围护结构上，吸收的太阳能转化为电能，减少了墙体得热和室内住宅空调冷负荷，起到建筑节能的作用。

5. 可确保自身建筑全部或大部分用电，这对于用电高峰期电力紧张的地区及无电地区极为重要。

6. 避免传统电力输送时的电力损失。

7. 避免由于使用一般化石燃料发电所导致的空气污染和废渣污染，这对于环保要求越来越高的今天和未来是至关重要的。

四、真空玻璃

（一）真空玻璃基本结构

真空玻璃是一种新型节能玻璃，它基于保温瓶原理，将两片玻璃四周密封，其中一片或两片为低辐射镀膜 Low-E 玻璃，中间抽真空，间隙为 0.1—0.2mm，内部置有规则排列的微小支撑物来承受大气压力。为保持真空玻璃内部真空度长期稳定，真空层内置有吸气剂。结构如图 5 所示。真空玻璃具有优越的保温及隔声性能，可广泛用做建筑门窗玻璃、幕墙玻璃及冷柜的隔热玻璃门等。

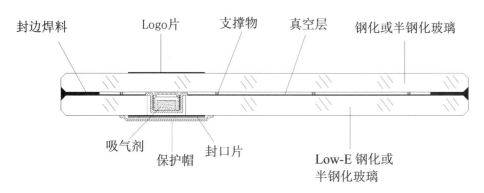

图 5　真空玻璃基本结构

（二）真空玻璃优势

Low-E 真空玻璃相比其他玻璃不仅具有隔热保温，低碳节能的效果，在使用的舒适性方面也具有很大的优势，主要体现在保温隔热、隔声、防结露和减少"冷辐射"等方面，同时整窗的寿命得以延长，详细介绍如下：

1. 隔热保温，低碳节能

真空玻璃具有较低的传热系数，可以满足不同地区节能标准的要求。真空玻璃与中空玻璃产品传热系数计算值如表 1 所示。

表 1　真空玻璃与中空玻璃传热系数（U 值）对比表

Low-E 玻璃辐射率	U 值 W/（m² · K）	
	真空玻璃 （TL5+V+T5）	中空玻璃 （TL5+12A+T5）
0.17	0.83	1.91
0.11	0.64	1.81
0.08	0.53	1.76
0.04	0.37	1.67

注：

（1）以上参数按照中国 JGJ151 边界条件，使用 window7 软件计算，

（2）TL-钢化或半钢化 Low-E 玻璃，T-钢化或半钢化白玻，V-真空层，A-空气层。

从表中可以看出，真空玻璃随着 Low-E 玻璃辐射率的降低，传热系数逐渐降低，最低可达到 0.37W/（m² · K），远低于中空玻璃的 1.67 W/（m² · K）。同时，真空玻璃还具有水平安装，传热系数不变大的优势，而中空玻璃水平安装后 K 值增加约 30%。

2. 隔声降噪

声音的传播需要介质，无论是固体、液体还是气体都可以传声，但没有介质的真空环境下，声音却是无法传播的，因此真空玻璃的真空层有效地阻止了声音的传播。复合真空玻璃的隔声量可达 42dB，优于三玻两腔中空玻璃。真

圖 10 光伏真空玻璃在建筑一体化上的应用

空玻璃可以有效阻隔处于中低频段的交通噪声，增强了其在阻隔生活噪声方面的实用性。

另外，真空玻璃通过复合中空和夹胶的形式提高隔声量，如表 2 中序号 1 和 2 结构的复合真空玻璃计权隔声量实测值为 39、42dB。在实际应用中玻璃的隔声要辅以窗框的性能共同体现，不同型材的复合真空玻璃窗的隔声性能测试结果如表 2 中序号 3—7，计权隔声量可达 40dB—42dB。

表 2 复合真空玻璃（窗）计权隔声量测试结果

序号	分　类	结构	测试机构	Rw/dB
1	复合真空玻璃	T5+V+T4+1.14PA+T5	清华	39
2	复合真空玻璃	N6+v+N4+0.38+N4+12A+N6	建科院	42
3	86PVC 复合真空玻璃窗	T5+26A+T5+V+T4+1.14 夹层+T4	绿创	40
4	86PVC 复合真空玻璃窗	T8+26A+T5+V+T6	绿创	40
5	86 型材复合真空玻璃窗	T8+26A+T5+V+T6	建科院	40
6	60 断桥铝复合真空玻璃窗	T6+12A+T5+V+T4+1.14PA+T5	清华	41
7	86PVC 复合真空玻璃窗	T6+25A+T5+V+T6+0.76 积水 PVB+T4	清华	42

3. 防结露性能优越

由于真空玻璃四周密封，内部为真空状态，其内部不存在结露的可能性。此外，在室外温度较低的情况下，真空玻璃室内侧表面温度高于其他各种玻璃。正常情况下，真空玻璃室内侧表面温度高于结露点，所以在室外温度降到很低时，依然可以保持玻璃表面洁净通透。以室内温度为 20℃，湿度为 70% 为例，各种玻璃室内表面结露时临界室外温度见表 3。从实际应用来看，真空玻璃已经应用于全国各个地区的多个项目中，到目前为止，未出现过结露的现象。

表 3　各种玻璃结露性能比较

玻璃类型	结构	U 值 W/ (m² · K)	结露时临界室外温度℃
普通白玻	T5	5.7	12℃
普通中空玻璃	T5+9A+T5	2.8	5℃
Low-E 真空玻璃	T5+V+TL5	0.6	−30℃ 以下

4. 应用范围广

由于保温隔热性能优越，可应用于建筑和冷链等各种行业；同时，由于内部为真空状态，可应用于平原及高海拔地区，不存在中空玻璃运到高原低气压地区的胀裂问题。

另外，真空玻璃具有轻薄的特点，也可以与中空或夹胶进行复合，以满足不同性能需求。

5. 超长使用寿命

真空玻璃周边及封口处均用无机材料密封，内部支撑物也为无机材料，不存在材料老化失效等问题。同时内部放置了吸气材料，通过理论计算，吸气材料可以保证真空玻璃的真空寿命为 50 年以上。此外，内部为真空状态，使 Low-E 膜得到了很好的保护，不会发生受潮氧化脱膜，失效等现象。

五、光伏真空玻璃

针对普通光伏构件结构在建筑上利用的弊端，北京新立基真空玻璃技术有限公司研发了光伏真空玻璃。为了克服中空结构的不足，光伏真空玻璃结构是将太阳能电池与真空玻璃以夹胶形式结合，具体做法是将真空玻璃整体作为一片背板玻璃，与另一片钢化玻璃中间复合薄膜电池组成，中间胶片为改性 EVA。集成的产品作为建筑的一部分，既能利用太阳能发电，又能达到保温、隔热的效果，具有发电、节能、降噪 3 重功效。

考虑到非晶硅薄膜电池的温度系数低于晶硅电池，优先考虑真空玻璃与非晶硅薄膜电池的结合。薄膜光伏真空玻璃结构和样品见图 6 和图 7。

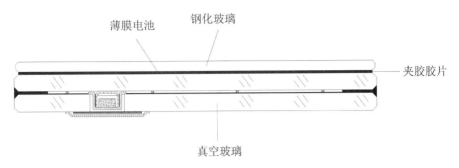

图 6　薄膜光伏真空玻璃结构图

图 7　薄膜光伏真空玻璃样品

（一）我国发展光伏真空玻璃的优势

1. 政策优势

行业发展离不开国家政策支持，依托《可再生能源法》《国家中长期科技发展规划纲要（2006—2020 年）》《可再生能源中长期发展规划》《关于实施金太阳示范工程的通知》《关于加快推进太阳能光电建筑应用的实施意见》《太阳能光电建筑应用财政补助资金管理暂行办法》等法规文件，发展符合新能源、新材料政策导向的光伏真空玻璃产品，将会得到国家财政、信贷、税收等各方面的大力扶持。

2. 资源优势

我国已连续多年保持建筑玻璃产销量世界第一，优质浮法玻璃及玻璃深加工率也在逐年递增。在可以大规模开发和利用的可再生能源中，太阳能以不受季节限制、没有区域局限性、经济环保等一系列优点，成为传统能源的最佳替代者。我国太阳能资源非常丰富，理论储量达每年 17000 亿吨标准煤。

3. 技术优势

通常玻璃深加工制品都是在西方发达国家大规模应用后才传到中国的，而真空玻璃则不然，目前世界上仅有我国和日本能够进行批量化生产。我国创造的真空玻璃产品在部分性能指标和应用范围上已经超越了日本。

4. 市场优势

每 1 兆瓦太阳能电池装置需用 1.5 万平方米光伏玻璃，全球每年 3000 兆瓦太阳能电池装置需用 4500 万平方米光伏玻璃，且年增长率为 40%，而光伏玻璃更大的需求来自新发展的非晶硅太阳能电池。非晶硅太阳能电池由于无须硅材，生产成本较晶体硅太阳能电池大幅降低，而且可与建筑一体化设计，用作建筑物的幕墙玻璃，达到既采光又发电的目的。

（二）光伏真空构件性能测试

1. 光伏真空构件发电效率研究

太阳能电池具有温度效应，温度升高，发电效率降低。可能有人会有这样的疑问，真空玻璃保温效果较好，和光伏组件结合后热量不容易传递出去，会不会影响实际发电效率？根据理论分析，真空玻璃表面温度可能比常规组件温度稍高，但通过试验证实，这种影响非常小。

本实验选择非晶硅薄膜光伏夹层构件、光伏中空构件和光伏真空构件，三种结构参数如表 4 所示。研究光伏构件与真空玻璃结合后，对发电效率的影响。三种光伏构件安装在试验房的南立面，从左向右依次是非晶硅薄膜光伏夹层构件、光伏中空构件和光伏真空构件，热电偶直接粘贴在上述复合型光伏玻璃的内外表面中心位置，如图 8 所示。由于 3.2mm 玻璃热阻很小，上表面温度即可认为是薄膜电池的温度。用无纸记录仪连续记录复合型光伏玻璃的内外表面温度和室内外环境温度。试验房在阳光充足的楼顶，通过空调控制试验房

图 10   光伏真空玻璃在建筑一体化上的应用

室内环境温度。

图 8   光伏组件安装方式

表 4   光伏构件参数对比

光伏构件类型	结　　构	厚度/mm
光伏夹层构件	T3.2 薄膜电池+0.76P+T3.2	7.16
光伏中空构件	T3.2 薄膜电池+0.76P+T3.2+12A+T5	24.16
光伏真空构件	T3.2 薄膜电池+0.76P+TL5+V+T5	13.96

　　图 9 为夏季气温较高时三种组件外表面中心温度曲线，从上到下依次为光伏真空构件，光伏中空构件和光伏夹层构件。从图中可以看出，三种光伏构件中真空玻璃表面温度最高，中空玻璃次之，夹层温度最低，原因是光伏构件在吸收太阳能发电的同时，自身也产生热量，由于真空玻璃热阻大，热量传导小，所以外表面温度最高。根据太阳能电池的温度效应，表面温度升高，发电效率下降。

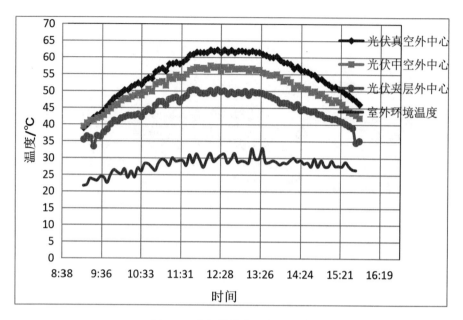

图 9　三种组件外表面中心温度

薄膜电池的温度系数为 -0.22%/℃，即温度每升高 1℃，转换效率降低 0.22%。实际转换效率：$\eta t = \eta stc * [1+(T-25℃)\alpha]$

其中，α 为温度系数。

ηstc 为标准条件下光伏组件最大功率点的发电效率，ηt 为温度为 t 时光伏组件的发电效率。

表 5 为根据上述公式计算的三种组件最高温度下实际的发电效率。

表 5　三种组件最高温度下的实际发电效率

组件类型	最高温度/℃	实际发电效率%
光伏真空组件	62.2	91.8%
光伏中空组件	57.5	92.8%
光伏夹层组件	50.4	94.4%

从表 5 可知，虽然真空玻璃组件表面温度较其他两种组件高，但实际发电效率与其他两种光伏构件相比，降低的并不明显，分别降低了 1% 和 2.6%。因此，使用光伏真空玻璃不会显著降低光伏组件的发电效率。

图 10　光伏真空玻璃在建筑一体化上的应用

除了对光伏真空构件进行发电效率研究外，还进行了湿漏电、I-V，机械性能等方面的测试，结果如下。

2. 湿—漏电测试

由于光伏构件暴露在室外，有可能遭受雨、雾、露水或融雪的湿气的浸入，如果湿气进入可能会引起腐蚀、漏电或安全事故，因此需要对光伏真空构件进行湿漏电测试。测试条件是加直流 500V 时，水喷淋引出端和边缘进入水中，确定绝缘电阻。测试后要求构件

（1）无绝缘击穿或表面无破裂现象；

（2）绝缘电阻 * 组件面积不小于 40MΩm^2。

对 5 块光伏构件进行湿漏电测试，结果如表 6 所示。

表 6　湿漏电测试结果

ID 号 （薄膜电池上的编号）	湿漏测试/mA （漏电流小于 0.035mA 即为通过）
11012500768	未通过（设备报警）
11012500602	0.012
11012500772	0.013
11012500609	0.012
11012500771	0.012

共有 5 块样品进行湿漏电测试，其中一块样品未通过，说明夹胶后漏电。分析原因可能是 PA 胶片有点内缩所致。其他正常，未见缩边。出现缩边可能是偶然因素，是合格率的问题。

3. I-V 测试

用自然光或 A 级仿真器，在标准测试条件下测试模块随负载变化之电性能。

试验条件：电池温度：25℃±2℃、辐照度：1000W/m^2、标准太阳光谱辐照度分布符合 GB/T6495.1-1996 规定。

表 7 光伏真空玻璃的 I-V 测试数据

ID 号	I-V				
（薄膜电池上的编号）	Isc	Voc	Pm	Ipm	Vpm
11012500768	1.022	135.8	90.53	0.8661	104.5
11012500602	1.024	138.7	94.28	0.8652	109
11012500772	1.030	136.5	92.85	0.8826	105.2
11012500609	1.034	139.4	96.29	0.8833	109
11012500771	1.033	135.8	91.45	0.8696	105.2
普通光伏组件	1.013	138.6	94.77	0.8536	111

Isc：短路电流；Voc：开路电压；Pm：最佳输出功率；Ipm：最佳输出电流；Vpm：最佳输出电压。

表 7 为光伏真空玻璃和普通光伏组件的 I-V 测试结果，从表 7 数据中可以看出，5 块光伏真空玻璃样品的光伏特性基本一致，与普通光伏组件相比，也基本一致。光伏真空玻璃就是将普通光伏组件中的背板玻璃换成真空玻璃，对常温下的光伏特性基本没有影响。

4. 机械载荷试验

确定组件经受风、雪或覆冰等静态载荷的能力。

试验条件：2400Pa 的均匀荷载依次加到前和后表面 1h，循环两次（阵风安全系数为 3 时，2400Pa 对应于 130km/h，风速的压力（约±800Pa））。

性能要求：

（1）在试验过程中无间歇断路或漏电现象；

（2）无标准中规定的严重外观缺陷；

严重外观缺陷包括：

a）破碎、开裂、弯曲、不规整或损伤的外表面；

b）组件有效工作区域的任何薄膜层有超过一个电池面积 10% 以上的空隙、看得见的腐蚀；

c）在组件的边缘和任何一部分电路之间形成连续的气泡或剥层；

d）丧失机械完整性，导致组件的安装和/或工作都受到影响。

图 10   光伏真空玻璃在建筑一体化上的应用

（3）绝缘电阻应满足初始试验的同样要求；

（4）标准测试条件下最大输出功率的衰减不超过初始测试值的 5%。

试验结果表明 5 块样品全部通过 2400Pa 机械载荷测试。

六、光伏真空玻璃节能分析

（一）真空玻璃的节能效果计算

北京新立基真空玻璃技术有限公司与建筑材料工业技术情报所合作，共同研究了建筑节能的计算方法，开发了"冬夏季累积评价法"，研究玻璃类型见表 3。根据"冬夏季累积评价法"，以同一公共建筑为模型，严寒地区（哈尔滨）和寒冷地区（北京）气候条件为代表，使用真空玻璃窗代替普通白玻窗、普通中空玻璃窗和 Low-E 中空玻璃窗后，相对节能率、温室气体和污染物减排量如图表 8—10 所示[①]。

表 8   不同玻璃类型传热系数 U 值 $[W/m^2 \cdot K]$

玻璃类型	普通白玻	普通中空	Low-E 中空	真空玻璃
U 值	5.7	2.8	1.8	0.6

表 9   真空玻璃窗相对于不同玻璃窗的全年相对节能率%

城市	相对于普通白玻	相对于普通中空	相对于 Low-E 中空
哈尔滨	90.5	79.4	69.3
北京	85.6	70.4	56.8

---

① 刘甜甜、王新春、许海凤：《公共建筑冬夏季累计评价法真空玻璃节能效果分析》，《建筑技术》2012 年第 12 期，第 1062—1065 页。

表 10　真空玻璃相对于不同玻璃窗的温室气体和污染物减排量（t）

城市	窗户类型	节能量，t 标煤	NOx	SO_2	CO	粉尘	CO_2
哈尔滨	相对于单片玻璃	1176.91	14.96	5.27	0.38	11.3	2891.28
	相对于普通中空玻璃	473.15	6.01	2.12	0.15	4.54	1162.38
	相对于 Low-E 中空玻璃	277.15	3.52	1.24	0.09	2.66	680.87
北京	相对于单片玻璃	581.2	7.39	2.6	0.19	5.58	1427.82
	相对于普通中空玻璃	232.71	2.96	1.04	0.07	2.23	571.7
	相对于 Low-E 中空玻璃	128.56	1.63	0.58	0.04	1.23	315.83

从以上计算结果可知，真空玻璃的节能量较其他玻璃有明显的优势，尤其是在严寒地区，更能发挥出真空玻璃的保温效果。真空玻璃相对于其他玻璃，全年的节能率至少在56%以上，其污染物减排量效果也十分明显。

（二）光伏真空玻璃节能效果

冬季，白天通过太阳辐射和室内供暖来保持室内温度，到了晚上，热量全部来自室内供暖。如果围护结构的保温效果不好，热量就会源源不断的通过围护结构散失到室外，增加室内供暖能耗；而如果围护结构具有较好的保温效果，能有效阻止热量大量流失，可减小室内供暖能耗，提高建筑的节能效果。

图 10　光伏真空玻璃在建筑一体化上的应用

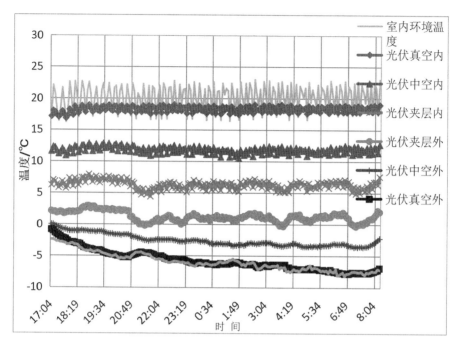

图 10　三种组件内外表面温度

图 10 为冬季夜晚，空调供暖条件下三种组件内外表面温度对比，图中曲线从上到下依次为室内环境温度、光伏真空内表面温度、光伏中空内表面温度、光伏夹层内表面温度、光伏夹层外表面温度、光伏中空外表面温度、光伏真空外表面温度和室外环境温度。从图中可以看出，光伏真空组件内表面温度最高，其次是光伏中空组件，光伏夹层组件温度最低。在夜晚无光照条件下，内部热量全部来自空调，光伏真空组件内表面温度最高，保温性能最好，具有很好的节能作用。而光伏夹层组件保温性能差，室内热量源源不断地从室内传到室外，导致内表面温度降低，外表面温度升高，热量大量流失，增加室内供暖能耗，光伏中空组件的保温性能介于两者之间。

七、结论

将光伏真空构件大规模应用在建筑上，不仅可以提供清洁环保的电能，而且可以节约能源，减少能耗，同时可以带动相关产业的发展。我国光伏产业近几年来持续发展，但是同发达国家相比还是存在很大差距。有关部门应着手相关政策法规、技术标准、认证制度的完善，推动光伏建筑一体化的进程。我国的太阳能资源比较丰富，太阳能光伏发电的发展潜力巨大。城乡建设领域是太阳能光电技术应用的主要领域，利用太阳能光电转换技术，解决建筑物的照明、景观等用能需求，对替代常规能源，促进建筑节能、发展低碳经济具有重要的推动作用。光伏建筑一体化是未来光伏应用中最重要的领域之一，其发展前景十分广阔，并且有着巨大的市场潜力。

结　语

　　清洁能源在热力行业的推广和利用远远落后于在电力行业的普及和利用。我国供热能源长期以燃煤为主，快速增长的供热面积带动供热煤炭消耗总量的快速提升，因供暖而导致雾霾加重的环境问题成为社会关注的焦点。供热行业落后产能淘汰、燃煤清洁高效利用以及煤改气等清洁能源替代是目前治理雾霾的主要方向。供热行业肩负着宜居城市建设的重要使命，转变发展方式、优化供热结构、加快技术创新、推进节能减排、全面提升供热保障能力和供热运行效率，努力构建安全、清洁、经济、高效的供热系统已成为我国供热事业改革和发展的关键。与此同时，当前我国城镇化发展迅速，建设规模日益扩大，建筑业是典型的立足于消耗大量资源和能源的产业，对环境、能源和资源负荷产生极大的压力。如何降低全社会建筑能耗和资源消耗，不仅涉及人民的健康和生活质量，也关系国家能源战略和建立环境友好型和资源节约型"两型社会"的实现，更关系到我国应对全球气候变化政策的成效以及联合国 2030 年可持续发展议程能否落实的关键。清洁供热与建筑节能是一个硬币的两个面，相辅相成。为了助力建筑节能与清洁能源供热的政策、技术和市场创新研究，推动全社会节能建筑的普及，改变长期以燃煤为主采暖供热结构，国际清洁能源论坛（澳门）在中国经社理事会的指导下，联合国内外专家学者共同研究，并将研究成果编辑出版《清洁供热与建筑节能发展报告（2016）》。

　　国际清洁能源论坛（澳门）是一个常设于澳门的非营利性国际组织，以"致力于清洁能源的技术创新力和产业竞争力的提高"为宗旨。《清洁能源蓝皮书》是论坛对中国与世界清洁能源领域发展状况和热点问题观察和研究的一份年度报告，主要针对某一行业或区域现状与发展趋势进行分析和预测，具有权威性、前沿性、原创性、实证性、时效性等特点。蓝皮书以切实加强自主创新能力、拓展能源新领域为目标，旨在为我国政府决策部门制定能源产业政策提供前瞻性建议，以及制定合理的清洁能源产业扶持政策提供参考依据。与此同时，通过绘制清洁能源技术发展的路线图，对研发和产业界具有一定的指导和借鉴意义，为相关企业战略规划提供针对性指导意见。迄今为止论坛已出版过蓝皮书系列《国际清洁能源发展报告》《世界能源发展报告》《温室气体减排与碳市场发展报告》等六本报告，受到业内广泛好评。我论坛从今年起尝试进行专项研究课题，编辑出版清洁能源各个领域的专题报告，今后将陆续推出太阳能、风能、生物质能、水能、地热能、海洋能等可再生能源领域，核能、氢能与燃料电池、天然气等低碳能源领域，新能源汽车、储能、清洁煤、建筑节能、智能电网、分布式能源、智慧城市、节能减排等有关清洁和能效技术应用领域的年度研究报告，敬请读者朋友们关注和批评指正。

《清洁供热与建筑节能发展报告（2016）》是我论坛清洁能源蓝皮书系列研究报告之一。全书分为建筑节能和清洁供热两个篇章。第一篇为建筑节能篇。在政策制度方面有国家发展和改革委员会能源研究所能源效率中心谷立静、张建国合作撰写的《我国建筑节能低碳发展路径与机制》；在零能耗建筑方面，有国际清洁能源论坛（澳门）理事周杰撰写的《日本"零能耗建筑"发展战略及其路线图研究》；在绿色建材方面，有同济大学上海同设建筑设计院邱玉东副院长及关贤军、Mamadou Bobo Balde、贾金山撰写的《全生命周期内建材碳排放的研究——海尔斯蜂巢轻质墙体》；在绿色建筑方面，有天津大学建筑学院宋昆副院长及叶青、邹芳睿、孙晓峰撰写的《中国绿色建筑的发展及中新天津生态城的探索》。

第二篇为清洁供热篇。在煤改气方面，有中国矿业大学（北京）副校长姜耀东及宋梅、郝旭光、朱亚旭研究团队撰写的《"煤改气"采暖供热模式在京津冀地区应用现状、问题与对策》；在工业余热利用方面，有中国煤炭加工利用协会吴晓华、谭杰、朱建荣、颜丙磊、吕佳霖撰写的《煤矿余热利用取代燃煤小锅炉可行性研究》；在热泵利用方面，有云南东方红节能设备工程有限公司总经理曾淑平及段继明、尹雄、张甜甜研究团队撰写的《清洁能源在长江以南城市采暖供热应用中的试行及推广》；在潜热地能方面，有北京市地热研究院的黄学勤、郑佳、李娟、杜境然和北京市华清地热开发集团有限公司王瑶共同撰写的《北京市地热能资源开发利用研究报告》；在太阳能利用方面，有武汉新能源研究院周铭、黄晓宏、郑峻、康勇与华中科技大学能源与动力工程学院张燕平、雷骁林研究团队共同撰写的《太阳能场联合供热应用于西部油田的经济性分析》，还有北京新立基真空玻璃技术有限公司侯玉芝撰写的《光伏真空玻璃在建筑一体化上的应用》等。

本报告的出版首先要感谢中国经济社会理事会"清洁能源在城市采暖供热应用中的主要问题和对策"课题组的支持和帮助。课题组以清洁能源采暖供热应用的代表性城市为主轴，通过资料收集、实地调研、座谈研讨，针对相关政府部门、行业组织协会、社区民众以及发电企业、电网公司、供热方等代表性企业，围绕不同类型清洁能源采暖供热应用中的主要问题，形成了调研报告，并提出了相关政策建议，受益匪浅，本报告很多作者本身就是课题组成员或是受调研单位的负责人。课题组负责人由中国经济社会理事会副主席、全国政协常委、人口资源环境委员会主任贾治邦、全国政协委员，住房和城乡建设部原副部长、党组成员齐骥、全国政协委员，中国矿业大学（北京）副校长姜耀东等同志担任。课题组主要成员有：全国政协委员，中国节能环保集团公司董事长、党委副书记王小康、全国政协委员，全国工商联执委，飞达集团有限公司董事局主席卢绍杰、中国物资再生协会常务副会长刘强、全国政协委员，华北电力大学校长刘吉臻、11届全国政协委员，中国科学院地理科学与资源研究所原所长、研究员刘纪远、全国政协常委，民建中央副主席，环境保护部副部长吴晓青、国家发展和改革委员会应对气候变化战略研究和国际合作中心副主任邹骥、11届全国政协委员，清华大学水利系教授，国务院参事张红武、全国政协委员，中国大唐集团公司董事长、党组书记陈进行、浙江省政协委员，绿都控股集团董事长邵法平、全国政协经委委员，中国电力建设集团有限公司原董事长范集湘、11 届全国政协常委，中国农科院农业环境与可持续发展研究所研究员、原所长，国家气候变化专家委员会委员林而达、国际清洁能源论坛（澳门）秘书长周杰、全国政协委员，国土资源部原副部长、党组成员胡存智、全国政协委员，西藏自治区政协常委、经济人口资源环境委员会主任索朗多吉、11 届全国政协委员，北京大学环境工程研究所所长倪晋仁、全国政协委员，中国中信集团有限公司董事长常振明、全国政协委员，陕西能源集团有限公司原董事长、党委书记梁平、全国政协常委，全国台联党组书记梁国扬、国家发展和改革委员会能源研究所所长韩文科、云南东方红节能科技股份有限公司董事长曾淑平、中国社会科学院城市发展与环境研究所所长潘家华等理事，以及中国经济社会理事会副秘书长吴玑中和课题联系人崔明曦等同志。

在此，我谨代表国际清洁能源论坛和蓝皮书编委会对上述有关单位和个人的大力支持和帮助以及作者的辛勤劳动表示衷心感谢，并感谢澳门基金会对本书的出版资助。

国际清洁能源论坛（澳门）秘书长

周　杰

2016 年 11 月 11 日

Contents

Abstract: At present, the overall energy efficiency level of building sector in
China is relatively low and the development mode of it is not sustainable. The building
sector has become the main sector of energy consumption and carbon emission with
the development of urbanization. So it is necessary and urgent to transfer the way of
energy use in building sector. In order to realize energy saving and low carbon
development in building sector, it is needed to guide the moderate growth of building
floor area, to promote ultra-low energy buildings, to widely spread high efficient
building energy equipment and systems, to optimize energy mix and to upgrade
construction and operation management mode. Meanwhile, it is also needed to
establish and improve the related mechanisms in terms of building energy cap control,
scientific urban and rural planning, standard improvement and upgrading, technology
development and promotion, energy data support, and so on.

Key words: Building; Energy Saving; Low Carbon; Pathway; Mechanism

Abstract: Zero energy consumption is becoming the new goal and trend for the
development of energy-saving and low-carbon architecture. Japan has developed a
green architecture strategy from energy-saving buildings and low-carbon buildings to

near-zero energy building or net-zero energy building, and ultimately achieved zero carbon building. The Japanese government proposed the policy objective to achieve zero energy consumption in new public buildings and standard residential buildings by 2020, and in all new buildings by 2030; it also developed the roadmap and market promotion plan on a four-in-one technology incorporating energy saving, production, storage and control. This plan is not only a significant policy for Japan to tackle climate change and achieve the target of Intended Nationally Determined Contribution but also an important part of "Japan Revitalization Strategy" and its national science and technology innovation strategy to create market demand and promote economic growth.

Key words: Zero Energy Consumption; Energy-saving Building; Low-carbon Building; Green Architecture; Japan

3. The Study on the Carbon Emission of Building Materials for the Whole Life Cycle——HEALTH Honeycomb Lightweight Walls

Qiu Yudong, Guan Xianjun, Mamadou Bobo Balde, Jia Jinshan / 074

Abstract: In December 2009, the World Climate Conference was held in Copenhagen, the Danish capital. The concept of Low carbon is gradually becoming one part of our life. As the pillar industry of national economy, the Construction industry's carbon emission research has become an integral part of low carbon topic. The emission of building materials plays an important part in the research on the whole buildings' carbon emission, which provides basic data and can boost the research on construction industry's greenhouse gas emission. Based on the framework of life cycle assessment method, this paper researched the assessment system on building materials' greenhouse gas emission. The greenhouse gas emission of HEALTH honeycomb lightweight wall material in its whole life was calculated and analyzed. With the vertical comparison between the stages of the material's life cycle and the horizontal comparison with other wall material, a set of conclusions was drawn.

Key words: Life Cycle Assessment; Building Materials; Honeycomb Lightweight Wall; Greenhouse Gas Emission

4. Development of Green Building in China and Exploration in Sino-Singapore Tianjin Eco-city

Song Kun, Ye Qing, Zou Fangrui, Sun Xiaofeng / 101

Abstract: Promoting the development of green building is the initial researching project in construction field all over the world. Meanwhile it's the crucial measure for transforming patterns of urban and rural construction, and also for saving energy resources of China. Recent decade, achievements and problems are existing at the same time. Only by solving the current problems could Chinese governments obtain healthier expanding manners.

Key words: Green Building; Eco-city; Development; Current Issues; Sino-Singapore Tianjin Eco-city

5. Current Situation, Problems and Countermeasures of Application of "Coal to Gas" Heating Mode in Beijing-Tianjin-Hebei Region

Jiang Yaodong, Song Mei, Hao Xuguang, Zhu Yaxu / 125

Abstract: With the rapid development of new urbanization in Beijing-Tianjin-Hebei region, the total energy consumption has increased sharply. Due to the unreasonable energy structure in the region——the proportion of coal in total energy consumption is much higher than national average, and the long period of heating in winter which is dominated by coal-fired way, air pollution is becoming more and more serious in recent years. It has greatly affected life of local residents and city image of Beijing. Under the background of our country try to optimize energy structure, control air pollution, this paper first explains the effect of "coal to gas" project in treatment of air pollution, and introduces the progress of the project as well as achievements in air pollution control in Beijing, Tianjin and Hebei province. Then discusses the problems in the application, such as the demand for natural gas exceeds the supply, the pressure of peak shaving increases, the heating cost rises and so on. Finally, it puts forward countermeasures from five aspects including strengthening energy trade and cooperation, implementing natural gas peak price adjustment, increasing financial subsidies, carrying out gas market access system, strengthening technology research and development. This paper hopes to play a reference role in deepening the "coal to gas" project, promoting energy conservation and controlling air pollution.

Key words: Beijing – Tianjin – Hebei Region; Coal to Gas; Heating Mode; Problems and Countermeasures

B 6. The Feasibility Research on Substitution for Small Coal-fired Boilers by Waste Heat Utilization in Coal Mine

Wu Xiaohua, Tan Jie, Zhu Jianrong, Yan Binglei, Lv Jialin / 139

Abstract: In view of the macro-development environment of promoting the clean & highly utilization of coal, it is important to make full use of special waste heat for heating in the coal mine. Based on the analysis of the macro-environment, technology feasibility, environmental benefits & economic results, it was considered that: 1. the coal mine was inclined to choose the waste heat utilization technology instead of small coal-fired boilers when there were rich in waste heat; 2. compared to coalmine ventilation, the utilization of waste heat from coal mine water was mature and the first choice for the coal mine; 3. at present the environmental benefits of special waste heat utilization instead of small coal-fired boilers were obvious; 4. utilization of special waste heat instead of small coal-fired boilers had economic feasibility when the coal prices were in a reasonable range.

Key words: The Waste Heat Utilization of Coal Mine; Water Source Heat Pump; Air Source Heat Pump; Substitution for Small Coal-fired Boilers

7. The Implementation and Popularization of Clean Energy in the Cities of Southern Yangtze River

Zeng Shuping, Duan Jiming, Yin Xiong, Zhang Tiantian / 160

Abstract: The essay is mainly introduced the energy structure of heating and supply heat in our Chinese city buildings, and from the analysis of the building energy consumption in domestic and foreign countries, it proposes the use of clean energy in building heating to replace fossil energy. It focuses on the feasibility of combination the solar power with heat pump in the cities of the Southern Yangtze River. Meanwhile, the essay put forward some targeted suggestions and measures of how to develop clean energy, and it illustrates the significance and prospect of implementation and popularization of clean energy.

Key words: Clean Energy; Reproducible Energy; Building; Solar Combined Heat Pump

8. The Research Report of Geothermal Resources Development and Utilization in Beijing

Huang Xueqin, Zheng Jia, Wang Yao, Li Juan, Du Jingran / 186

Abstract: For actively replying the new challenge of global climate change and restriction of resources and environment, construction of low carbon city will be the strategic direction of future development of capital. The development and utilization of geothermal energy resources is one of the important measures to achieve energy saving and emission reduction in Beijing. Geothermal energy resources in Beijing have great development potentials and broad application prospects. According to the requirements of environmental governance from General Secretary Xi, to further expand the application of geothermal energy, expand the scale of application and improve efficiency which have based on Beijing's geothermal energy resources, industrial advantages and urban demand with the supports of development and utilization technology of geothermal energy resources in innovation development. It will play a very important role on promoting the construction of a safe, stable, economical and clean modern energy industrial system and improving the energy consumption structure and increasing the intensity of air pollution control in Beijing.

Key words: Deep Geothermal, Shallow Geothermal Resource; Ground Source Heat Pump; Development and Utilization

B 9. Economic Analysis of the Application of the Joint Heating of the Solar Energy Field to the China Western Oil Field

Zhou Ming, Zhang Yanping, Huang Xiaohong,

Lei Xiaolin, Zheng Jun, Kang Yong / 206

Abstract: Our country has rich viscous oil resource. Viscous oil is difficult to be mined because of its high density, large viscosity and easy solidification, referred to as "Torpid oil field", is the world recognized problem on viscous oil extraction. At present, the heavy oil was usually exploited using steam stimulation technology. The steam was provided by the oil boiler and gas boiler, which both can cause the environmental pollution problems, release huge amounts of greenhouse gases and consume large amounts of oil and gas. With the increase of national efforts in energy conservation and emissions reduction, the cost of petroleum production and refining gradually increases. This paper compares different steam production schemes of trough type solar energy field collection heat using economic analysis method. This study found that double circuit heat collection scheme with heat storage system has significant advantages in stability and economy. This study further obtains the best thermal storage time and the best production of steam. These results will provide technical support for the project implementation and related decision of solar energy resources used in the oilfield system in the field of the west of China.

Key words: Solar Energy; Combined Heating; Oil Field; Feasibility Analysis

Abstract: The heat preservation and insulation performance of ordinary PV modules are poor. So, as the building materials used in fenestration, it will inevitably affect the heat preservation effect of buildings; it can produce electricity but also increase the energy consumption of heating during refrigeration period. Vacuum glazing is a new type of heat insulation material with good property of heat preservation and insulation function. A sheet of photovoltaic vacuum glazing is made of the vacuum glazing and PV modules. Photovoltaic vacuum glazing can replace part of the traditional building materials to implement the building integrated photovoltaic, and it can not only greatly improve the heat preservation, insulation effect of building, but also can provide clean and environment-protection energy, it is a kind of energy-saving, power-generation and low carbon building materials.

Key words: PV Modules; Vacuum Glazing; Building Integrated Photovoltaic